我的中国"芯"

会思考的机器

刘征宇 著　葛大芃 绘

APTIME 时代出版传媒股份有限公司
安徽少年儿童出版社

图书在版编目（CIP）数据

会思考的机器 / 刘征宇著；葛大芃绘. —合肥：
安徽少年儿童出版社，2023.5
（我的"中国芯"）
ISBN 978-7-5707-1713-2

Ⅰ.①会… Ⅱ.①刘… ②葛… Ⅲ.①机器 – 青少年
读物 Ⅳ.①TB4–49

中国国家版本馆CIP数据核字（2023）第030588号

刘征宇 著
葛大芃 绘

WO DE ZHONGGUO XIN HUI SIKAO DE JIQI
我的"中国芯"·会思考的机器

出版人：张　堃　　　　策划编辑：邵雅芸　丁　倩　　　　责任编辑：郝雅琴
责任校对：于　睿　　　　责任印制：朱一之
出版发行：安徽少年儿童出版社　E-mail:ahse1984@163.com
　　　　　新浪官方微博：http://weibo.com/ahsecbs
　　　　（安徽省合肥市翡翠路1118号出版传媒广场　　邮政编码：230071）
　　　　出版部电话：（0551）63533536（办公室）　63533533（传真）
　　　　（如发现印装质量问题，影响阅读，请与本社出版部联系调换）
印　　制：合肥华星印务有限责任公司
开　　本：710 mm × 1000 mm　　1/16　　印张：10.5　　　　字数：110千字
版　　次：2023年5月第1版　　　　2023年5月第1次印刷

ISBN　978-7-5707-1713-2　　　　　　　　　　　　　　定价：35.00元

目录

人物介绍

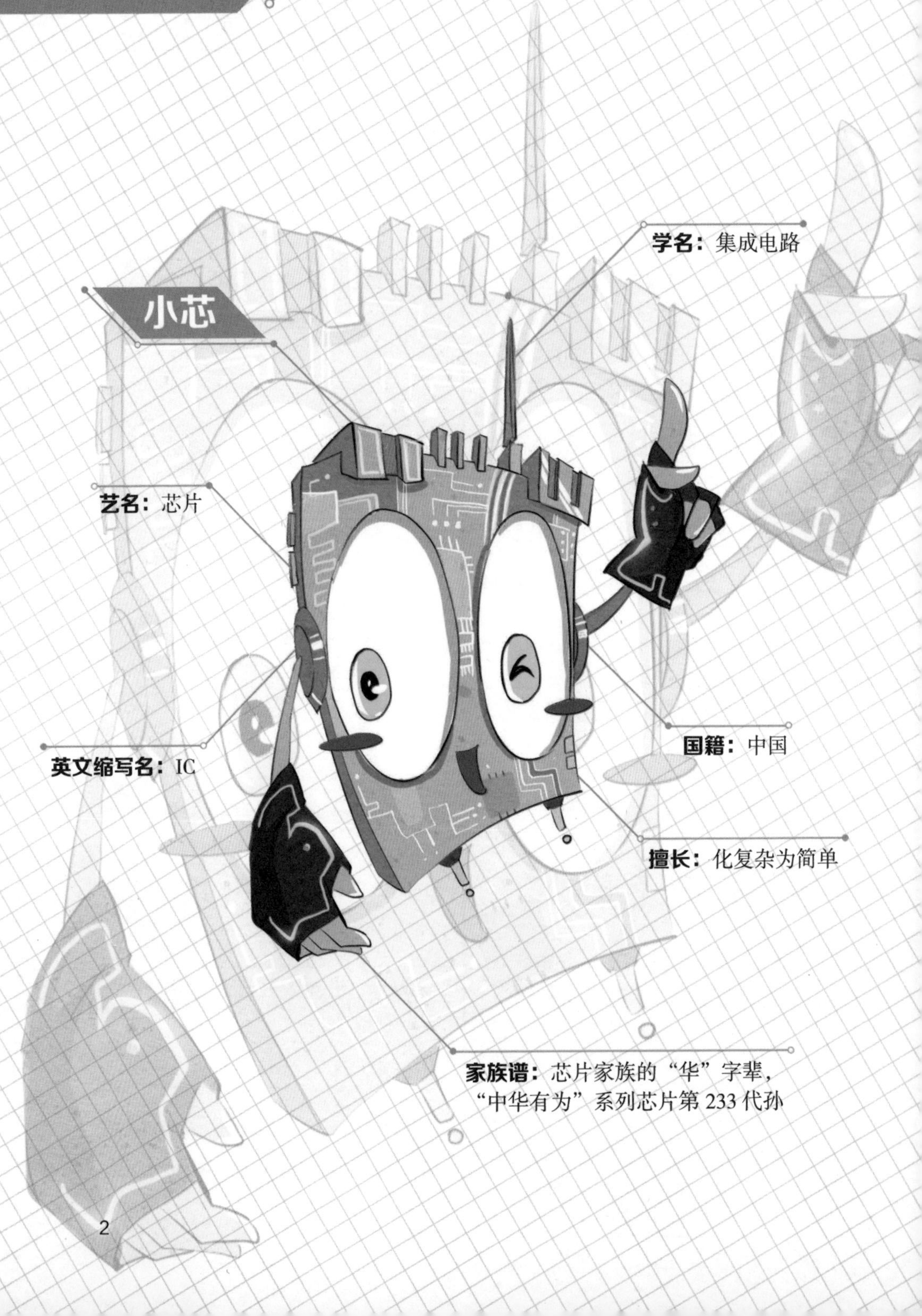
小芯
学名：集成电路
艺名：芯片
英文缩写名：IC
国籍：中国
擅长：化复杂为简单
家族谱：芯片家族的“华”字辈，“中华有为”系列芯片第 233 代孙

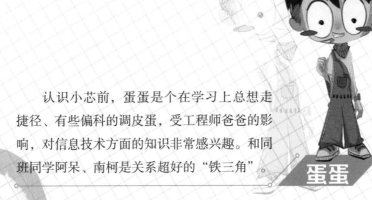

认识小芯前，蛋蛋是个在学习上总想走捷径、有些偏科的调皮蛋，受工程师爸爸的影响，对信息技术方面的知识非常感兴趣。和同班同学阿呆、南柯是关系超好的"铁三角"。

蛋蛋

阿呆

蛋蛋的同班同学、"铁三角"中的"小气鬼"，对经济问题有自己独到的见解，爱发呆，爱幻想，经常提出一些天马行空、让人哭笑不得的问题。

蛋蛋的同班同学、"铁三角"之一，是个德、智、体、美、劳全面发展的学生，喜欢动漫人物柯南，爱思考，善观察。

南柯

第一章
世界人工智能大会

新一代人工智能正在全球范围内蓬勃兴起，为经济社会发展注入了新动能，正在深刻改变人们的生产生活方式。如此重要的人工智能是什么呢？

蛋蛋生活的城市这几天热闹非凡，原来，这座城市里正在举办一场世界人工智能大会，全球人工智能的顶级专家汇聚在一起，探讨人工智能的发展，分享人工智能的成果。

蛋蛋爸是一位工程师，喜欢搞一些小发明、小创造，家里专门收拾出一个房间，作为蛋蛋爸的实验室，平时除上班外，蛋蛋爸把时间都用在那间实验室里了。这段时间，蛋蛋爸又开始琢磨起人工智能来了。

世界人工智能大会，蛋蛋爸怎么能错过这个绝佳的学习机会呢，他要去参会！当然啦，蛋蛋爸的水平还不够在大会上发言，他是作为一名听众，去听专家们的报告的。

自从蛋蛋爸说要去参会后，蛋蛋就缠着爸爸带他一起去，并想了一堆理由。令蛋蛋喜出望外的是，爸爸不仅同意带他，还让他邀请小伙伴们一起去！

蛋蛋心想：我还要把小芯带上！

小芯，是一个来自未来的"智慧芯"，为了中华有为的梦想，肩负着启迪少年儿童爱科学、学科学、用科学的重任，"潜伏"

在蛋蛋家里。

蛋蛋一见到他的两个"铁哥们"——与蛋蛋一起号称"铁三角"的南柯和阿呆，就迫不及待地把这个消息告诉了他们，两个人都高兴坏了。虽然是以"哥们"相称，但其实南柯是一名女生。

这天，蛋蛋爸开车带着蛋蛋和两个小伙伴去参会，路上，南柯问了一句："叔叔，人工智能是干什么的呀？"

蛋蛋爸双手握着方向盘，聚精会神地注视着前方道路，用尽可能简单的语言描述道："人工智能常被称为 AI，AI 是人工智能的英文 Artificial Intelligence 的缩写；人工智能主要是让机器达到甚至超过人类的智能，使得机器能够完成各种复杂的工作。"

阿呆坐在后排座椅上连比带画地说："就像无人驾驶汽车一样。"

学霸南柯则展开了自己的分析："把人工智能拆开了看，就是'人工'与'智能'，'人工'比较好理解，就是人造的意思，'智能'应该就是智慧和能力吧？"

"嗯。"蛋蛋爸不禁通过后视镜瞥了一眼南柯，心想：这小姑娘如此轻描淡写地就把深奥的科学术语给点破了，厉害呀！

不一会儿就到了参会的地方，停好车后，几人向世界人工智能大会会场走去，远远地就看见一块大大的展板，上面写着：
新一代人工智能正在全球范围内蓬勃兴起，为经济社会发展注
入了新动能，正在深刻改变人们的生产生活方式。

　　蛋蛋爸说："这是习近平总书记对人工智能的寄语哟！"

　　走进会场前面的大厅，只见人群熙熙攘攘、摩肩接踵，盛
况空前。蛋蛋爸说："会议快开始了，那边有一个科普展厅，
里面有许多好玩的 AI 产品，你们可以去看看，会议结束后我
们在外面的广场集合。"说罢，蛋蛋爸就直奔会场了。

　　原来，大会为了启发少年儿童对人工智能的兴趣，专门设置了一个科普展厅，里面有许多可以体验的人工智能展品。

　　南柯指着大厅中央说道："快看，大会的开幕式开始了！"

　　阿呆急切地说："我们赶快过去看看！"

　　忽然，大厅里飘来悦耳、曼妙的歌声：

我想我可以有爱的信念，

和你们一起温暖人间；

我想我可以改变世界，

和你分享更美的家园；

我想我可以有爱的信念，

和你们一起温暖人间……

蛋蛋情不自禁地说："这歌真好听！"

南柯笑着对如痴如醉的阿呆说道："嘿嘿，怎么眼珠都要弹出来了？"

阿呆结结巴巴地说："是、是太好听了……"

蛋蛋笑了，说："是太好看了吧！"

阿呆摸着后脑勺不好意思地说："是、是啊，怎、怎么都这么漂亮啊！"

原来，是微软小冰、小米小爱同学、百度小度和哔哩哔哩泠鸢 yousa，这四位人工智能机器人，正在合唱由微软小冰作曲的大会主题曲《智联家园》。

阿呆指着微软小冰说："这我熟悉，它是微软 AI 机器人小冰，唱歌非常好听！"

这时，小芯在蛋蛋口袋里说："这微软小冰可不简单，2020 年 6 月，它和它的人类同学——上海音乐学院毕业生一起

毕业，还被授予上海音乐学院音乐工程系 2020 届'荣誉毕业生'称号。小冰还和上音毕业生一起参加了线上的毕业典礼。"

南柯称赞道："它还从音乐学院毕业了啊，厉害！"

小芯又说道："那个是小爱同学，小米公司的人工智能语音交互引擎；另一个是百度公司的百度 AI 助理小度……"

蛋蛋打断小芯的话，急着说道："我知道我知道，每次我爸用手机上的百度地图软件导航时都会呼唤'小度、小度'。"

阿呆好奇地问："然后呢？"

"然后，小度就会回答：'我在呢。'"蛋蛋得意地说道。

阿呆脸上露出羡慕的表情，说道："回家我也在手机上装一个！"

南柯拍着手叫道："那边的女孩，我知道，它是哔哩哔哩的泠鸢 yousa，是我最喜欢的中国本土原创 AI 虚拟偶像。"

蛋蛋笑着说："原来你也上那个网站呀！"

开幕式结束了，三个小伙伴来到展厅时，看到许多小朋友正在兴致勃勃地体验 AI 产品。

"咦，那里有人在和机器人互动！"阿呆带着蛋蛋和南柯来到一个叫"动作跟随机器人"的展台，展台前有许多小朋友在排队。终于轮到阿呆了，只见他左脚向后点，同时伸出双臂，摆出一个轻盈的姿势，而他身后的机器人也做出了一模一样的动作。见此情景，阿呆决定升级难度，做一个连续动作：右脚

跨出一大步，左脚跨出一小步并用力蹬地起跳，在空中伸出右臂，同时手腕前屈，做投球的动作。而机器人几乎与阿呆保持同步，腾空、举臂、手腕前屈，学得惟妙惟肖、丝毫不差。

"哇，这机器人太厉害了！"蛋蛋和南柯发出惊呼。

离开了"动作跟随机器人"展台，三个人来到另一个展台。展台上，五个小巧玲珑的机器人正随着欢快的音乐扭动身体，动作优美流畅；突然，它们同时屈膝下蹲，然后迅速起跳，在空中画过五道漂亮的弧线。正当观众们担心它们不能稳稳落地时，五个机器人咚的一声，以"金鸡独立"的姿势稳稳地站在展台上。落地后它们还向四周望了望，似乎在看自己的表演赢得了多少观众的喝彩。如梦初醒的观众们立马献上惊喜的欢呼声与掌声。有的小朋友激动得手舞足蹈，有的还想要爬上展台，近距离接触机器人。

体验了一个又一个精彩的项目，最后，三个人在一台电脑前停了下来，电脑的电线伸进了旁边一个像柜子一样的房间里。

"猜猜我是谁。"南柯念着电脑屏幕上的文字，然后打开了右下角的游戏说明。

三个人围着电脑屏幕研究了一会儿，原来，这是一个猜真假人的游戏。玩家用电脑提问题，房间里会传出回答；玩家通过对方的回复，来判断房间里是真人还是机器人在进行回答。

阿呆不屑地说道："那还不容易吗？直接问！"

　　说着他就在键盘上敲了几个字：你是机器人吗？

　　屏幕上立刻出现一行字：你才是机器人！

　　阿呆瞪大双眼，满脸的不可思议："怼我？这一定是人！"说着毫不犹豫地按下了"人类"的选项。

　　结果，屏幕上又出现一行字：恭喜你，答错了！

　　蛋蛋和南柯在一旁笑了起来。

　　这时，许久没有作声的小芯开口了："别小看这个游戏，这可是著名的'图灵测试'！"

　　蛋蛋和南柯齐声问道："图灵测试？图灵是一个人的名字吗？"

　　小芯说道："不急不急，听我慢慢说来。图灵是一个人，一个天才，一个奇才！地球人称之为计算机科学之父、人工智能之父。早在1936年，他就提出计算机史上著名的'图灵机'，现在你们用的电脑，就是延续了图灵的思考和想法。"

南柯明白地点点头说："哦，所以称图灵是计算机科学之父。"

蛋蛋接着问道："那为什么又称图灵是人工智能之父呢？"

小芯不急不慢地说："'机器会思考吗？'图灵在 1950 年发表的论文中提到了这个问题。而在这之前，人类从来没有想过这个问题。因为是图灵第一个提出这个问题的，所以人类公认图灵是人工智能之父。"

阿呆又问道："那个模仿游戏呢？哦，应该叫图灵测试，是什么意思呢？"

小芯接着说："呵呵，图灵测试是图灵提出的判断机器是否具有智能的一个实验，在很长一段时间里，这一测试都被公认为机器是否是人工智能的判断标准。"

南柯恍然大悟道："哦，就是用机器来假装人类，模仿得越像越好！"

蛋蛋好奇地问："那有没有机器通过了图灵测试呢？"

小芯说："2014 年，一个俄罗斯团队开发的一款名为尤金·古斯特曼 (Eugene Goostman) 的计算机软件，模仿一名来自乌克兰的 13 岁男孩，它成功地让超过 30% 的测试者相信了它是一个人类。尤金是历史上第一个通过图灵测试的人工智能机器。"

阿呆惊讶地说："哇，人工智能机器可以冒充人类了？！"

"看，那里有一个会对话的机器人！"南柯指着不远处叫道。

"走，我们去看看。"蛋蛋说道。

　　三个小伙伴来到了"对话机器人"的展台。蛋蛋和南柯挤到对话机器人前面，好奇地打量着，只见这个机器人有着圆圆的脸庞，脸庞上有两只大眼睛和一张嘴，正在回答小朋友们的各种问题呢。

　　"你好，你叫什么名字？"南柯问道。

　　"你好，我的名字是小慧。"对话机器人答道。

　　"我叫什么名字？"蛋蛋问道。

　　"你叫什么名字我不知道，但是我知道你是一个男生。"小慧答道。

　　"你是男生还是女生？"阿呆又问道。

　　"我是 AI 机器人。"小慧说道。

　　"AI 机器人不就是机器人？"南柯问道。

　　"是也不是，"小慧说着把头，确切地说是脸，转向那群

正在拼装机器人的小朋友，说道，"你们看，他们正在拼装的机器人，是根据设置的程序，通过传感器和执行器，按照人类的要求，重复完成指定的简单任务，可以称它们为普通机器人。"

"哦，我明白了，我们在学校的机器人编程课上，学的就是有关普通机器人的知识。"蛋蛋说道。

"我们 AI 机器人，是人工智能与机器人的结合体，也就是 AI 程序控制的机器人。"小慧接着说道。

"那 AI 机器人与普通机器人有什么不一样呢？"南柯问。

"我们 AI 机器人不仅能像普通机器人那样感知和行动，还能够自己学习、认知，像人类一样做出判断和预测呢！"小慧稍显得意地说道。

蛋蛋想到刚才前面几个展台上的机器人，问道："就像动作跟随机器人、舞蹈机器人，还有那个小房间里的机器人那样？"

"是啊，AI工程师把我们设计得会听、会看、会说、会想、会思考、会行动、会决策，就像你们人类一样。"小慧接着说，"我有一个AI兄弟，叫ChatGPT。它可厉害了，不仅能滔滔不绝地与人聊天，还会写诗、编写程序呢！"

阿呆感慨道："是有些像我们人类了。"

离开小慧时，小芯又开口了："你们注意到小慧的大脑了吗？"

蛋蛋好奇地问："大脑？有什么问题吗？"

小芯说："AI机器人的重点在机器人的大脑，大脑里装有AI软件；它能辨认出你们的性别、与你们交谈，都是经过大脑思考的。"

蛋蛋点点头说："机器人装上AI大脑，就十分了得了！"

小芯说："当然啦，在机器人研究领域，除研究大脑外，还有许多人在研究机器人的身体，比如机械结构设计。机器人只是人工智能应用的其中一个领域，人工智能的用途多着呢！比如图像识别领域、语音识别领域，等等。"

南柯问道："你的意思是，人工智能不仅可以应用在机器人身上，还有其他用途？"

小芯说："不然蛋蛋爸去听报告会怎么会听这么久呀！"

这时，蛋蛋才想起爸爸去听报告会到现在还没出来，于是说道："对啊，一定是会议上有各个领域的专家做报告，时间才这么长！"

"我们到外面的广场上等蛋蛋爸吧。"南柯提议道。

三个小伙伴来到会场外的广场，广场上到处是宣传世界人工智能大会的广告和彩旗，广场的中央是一个喷泉，喷泉池附近有一些供人们休息的石凳，三个人就在其中一张石凳上坐了下来，意犹未尽地聊着。

"这 AI 机器人太有意思了！"

"我们看的科幻电影里的机器人一定都是 AI 机器人。"

忽然，南柯想起小芯刚刚说的话，问道："为什么说图灵是一个奇才呢？"

小芯笑了笑，说道："1948 年，图灵因伤错过奥运会，但实际上，他跑得比那届奥运会马拉松银牌选手都快。"

南柯有点意外地说道："哇，他既是科学家，又是运动健将啊！马拉松长跑比赛全程可是 42.195 千米呀，他的运动天赋丝毫不逊色于他的头脑！"

小芯接着说道："不仅如此，图灵还是一个破译密码的专家，第二次世界大战时期，图灵破解了德国的加密电报，帮了盟军大忙，拯救了无数的生命。"

蛋蛋竖起大拇指赞道："太了不起了，图灵真是一个奇才！"

蛋蛋爸终于听完报告会出来了，小伙伴们迎了上去，缠着蛋蛋爸问东问西。

　　蛋蛋第一个问道："老爸，会议开了这么长时间，都讲了些什么呀？"

　　蛋蛋爸说："讲了很多呀，比如国家对人工智能的发展规划，人工智能的国家整体布局，还有人工智能的一些新技术、新方向。"

　　南柯又问道："叔叔，国家为什么这么重视人工智能呀？"

　　蛋蛋爸反问道："你知道人类历史上的工业革命吗？"

　　南柯如数家珍地说道："知道呀，第一次工业革命是机械化，以蒸汽机的发明为标志；第二次工业革命是电气化，以发电机、电动机等的发明为标志；第三次工业革命是信息化，以计算机等的发明为标志；我们现在处于第四次工业革命时期，是信息

第一次工业革命

第二次工业革命

第三次工业革命

第四次工业革命

化向着智能化转变的时期。"

蛋蛋爸竖起大拇指称赞道："很好！"接着，蛋蛋爸又说道，"人工智能在信息化向智能化转变的过程中起着重要作用。要知道，每一次工业革命都为社会带来巨大的变革和发展，能否在第四次工业革命中占得先机，已经成为各国综合国力竞争的关键所在，可以说关系到国家的前途和命运。"

南柯点点头说道："嗯，落后就要挨打！"

阿呆伸长脖子问道："叔叔，刚才小慧说ChatGPT可厉害了，是这样的吗？"

蛋蛋爸有些惊讶地说道："ChatGPT？它是人工智能聊天机器人，能够通过理解和学习人类的语言，真正做到像人类一样来聊天交流。当然啦，它还可以做很多事情。"

蛋蛋举起小拳头："嗯，AI，我们可要好好研究你了！"

从会场返回的路上，小伙伴们叽叽喳喳地谈论着今天的收获，蛋蛋爸一边开车，一边听小伙伴们议论，心里暗暗地想：这些孩子小小年纪就知道这么多，将来一定比我们这代人强，真是祖国的未来之星呀！

第二章
实验室的秘密

　　人工智能可以听懂你说的是什么，可以开口说话，可以为你读书、读新闻，可以写诗、写小说，可以分辨出长相十分相似的双胞胎……人工智能为何这么"可以"呢？

蛋蛋发现，爸爸自从参加完世界人工智能大会，就变得非常忙碌，连晚饭都是草草乱塞几口，吃完就把自己关在实验室里。爸爸到底在捣鼓什么呢?

一天夜里，蛋蛋看见实验室里还亮着灯，便蹑手蹑脚地走过去，偷偷打开一丝门缝，只见爸爸正对着桌子上一个看起来像机器人的物件絮絮叨叨着什么，那物件还一动一动的……

周末的早上，爸爸不在家，好奇心驱使着蛋蛋溜进实验室找到了那个物件。竟然是一个还没完工的机器人! 蛋蛋立刻将这个秘密告诉了南柯和阿呆。下午，三个人便在蛋蛋家中碰头了。原来，他们计划潜入蛋蛋爸的实验室，好好探究一番那个让蛋蛋爸无比着迷的半成品机器人。

三个人刚进实验室，就听到一声"好大的胆子呀"。

阿呆吓得抱头鼠窜，心想：果然不能干坏事。但蛋蛋没有被吓到，因为他太熟悉这个声音的主人——小芯了，一个被蛋蛋爸无意中买回来，常驻在电子元器件盒子中的智能芯片。

此时，恶作剧得逞的小芯正得意扬扬地坐在盒子顶上，优哉游哉地晃着它的短腿，问道："来看无双？"

"无双是谁？"蛋蛋问。

"就是那个放在纸箱里的半成品 AI 机器人。"小芯向一旁的纸箱努了努嘴。

"原来它叫无双啊。"蛋蛋说着，小心翼翼地从纸箱里取出无双，它大约有 30 厘米高，浑身上下电线裸露，"五脏六腑"清晰可见；比起那些外表酷炫的机器人，它显得有些丑陋和可怜巴巴。

"机器人内部这么难看呀！"南柯略带嫌弃地说道。

"机器人的里面就是这样的，那些精致的外壳都是后来加上去的。"小芯说。

蛋蛋刚把无双放到桌上，就听见它开口央求道："可不要把我弄坏了哟！"

"它居然会说话。"原本还有点嫌弃它的三个人顿时来了兴趣。

"别担心，我们不会把你大卸八块的。"蛋蛋笑嘻嘻地说。

"无双，你为什么叫无双呀？"南柯问道。

听到南柯的话，无双回答道："我是'盖世无双'的 AI 机器人，我是'盖世无双'的 AI 机器人！"

蛋蛋扑哧一声笑了："不愧是老爸造出来的，跟老爸一样自信又自恋！"

这时，无双做了一个双手叉腰的动作，说："别看我丑，我可是无所不能的哟！"

一旁的阿呆不以为意："就你这样，你会干啥？"

无双得意地说："我会听、会说、会看、会思考。"

南柯问道："那你本事还不小，但你怎么会有这些本事？"

小芯插话道："AI 包括图像识别、语音识别、自然语言处理等许多方面，等蛋蛋爸把它做好以后，它就是一个名副其实的 AI 机器人了。"

蛋蛋用手遮住无双的眼睛问道："猜猜我是谁。"

无双很快回答道："你是蛋蛋。虽然看不见你，但我可以识别你的声音。"

"那我是谁？"南柯跳到无双眼前，正对着无双问道。

无双笑嘻嘻地说："你是一个漂亮的女孩儿。"

南柯惊讶地说："呀，真厉害，你是怎么做到的？"

无双说："我有眼睛呀，摄像机是我的眼睛，能识别看见的景象；我有耳朵呀，声音传感器是我的耳朵，能识别说话内容；我有嘴巴呀，扬声器是我的嘴巴，语音合成以后就能发出声音。"

阿呆插话道："怪不得你能跟我们对话！"

无双接着说："如果说话内容太长、太复杂，我就要使用绝招——自然语言处理，来分析你们说的话是什么意思。"

南柯故意用方言念了一句古诗"白日依山尽"，听起来就像普通话的"百日衣裳净"。

无双一脸茫然地看着南柯，过了一会儿问道："百日衣裳净？为什么衣裳穿了一百天还是干净的？"

小芯带着笑意说："哈哈，不要为难无双了，它还是个半成品。还有好多本事要学呢！"

无双好像知道自己回答错了，在一旁尴尬地点点头。

这时，蛋蛋瞥了一眼手表，赶忙把无双放回箱子，说道："不

眼睛

嘴巴

耳朵

好，我爸快回来了！咱们赶紧出去！”

三个小伙伴匆匆离开了蛋蛋家，来到不远处的江滨大道。这时的江滨大道上人不多，大道旁的广场上还有一群人在跳舞。阿呆欢快地跳着走着，捡起路边的一个小石块，用力地扔向江心，感叹了一句：“关于无双，还有许多未解之谜呀！”

蛋蛋拍拍口袋说：“我们可以问小芯呀！”

小芯听到了，立刻从蛋蛋的上衣口袋里爬出来，站在蛋蛋的肩头说：“来嘛来嘛，欢迎提问！”

南柯抢先问道：“小芯，无双为什么能认出来我是个女孩呢？”

小芯没有直接回答南柯的问题，而是指着远处正在跳舞的人群问：“你们能不能看出那群人是爷爷还是奶奶？”

小伙伴们齐声答道：“跳舞的是一群奶奶！”

“为什么这么说呢？”

“一眼就看出来了啊，她们年纪很大而且都是女的，头发发白，动作也不灵活……”

小芯接着说：“很好！那你们想想刚才你们是怎么得出这个结论的。首先，必须‘看到跳舞的人’，再就是看出“是女性并且年纪都比较大”的特征，而具有这些特征的人，应该用什么称呼呢？这时你们脑海里就会浮现出印象中‘奶奶’的形象。比对后，认为这些人比较符合，因此确认是‘奶奶’。归纳起来：首先看到，其次看出特征'女性且年纪大'，接着对照脑海里存储的'奶奶'的形象，最后做出是'奶奶'的推断。这个过程也就是人工智能图像识别的基本过程：图像采集→特征提取（建立模型）→图像识别（数据库分析比对）→得出结论。"

看到 ➡ 女性、年纪大 ➡ 脑海里"奶奶"的形象 ➡ 是"奶奶"

图像采集 ➡ 特征提取 ➡ 图像识别 ➡ 得出结论

蛋蛋叹道："AI 图像识别跟我们人类的思维很像啊！"

南柯也说："本来嘛，人工智能就是学习我们人类的思维方式的！"

小芯赞道："说得好，这样的思维方式在人工智能技术上会经常看到。"

阿呆叫道："无双就是用摄像头做的图像采集！"

南柯若有所思地说："那我们平时见到的刷脸识别也是这

样的了？"

小芯点点头："是啊，那叫人脸
识别，人脸识别属于图像识别的一种
应用。"

南柯又问："那人脸识别是怎
么做到的呢？"

小芯答道："人脸识别是用摄像头拍
摄人脸，再做特征提取。每个人的长相都是不一样的，各有特征，
人的肉眼不容易分辨出来，但计算机可以；人脸识别采集的这
些特征数据大部分都是来自眼睛、鼻子、嘴巴、下巴、耳朵等
部位，眉间距、颧骨距离和眼角距离等都是特征采集点，是人
脸识别的重要数据来源，通常，人脸识别系统处理一张人脸，
需要提取上千个面貌特征。"

阿呆补充道："双胞胎也有细微的差别！"

小芯点点头："嗯，再把这些特征与电脑里存储的数据进
行分析比对，看一看相似度怎么样，当相似度超过一定值时，
就认为'识别成功'，否则就'识别失败'。"

蛋蛋问道："数据库里的人脸数据是从哪里来的呢？"

小芯反问蛋蛋："你还记得你妈妈那天注册手机银行的情形
吗？"

蛋蛋说道："记得记得！那天妈妈对着手机又眨眼又摇头，

嘴里还念念有词，跟着手机屏幕读着一串阿拉伯数字呢！"

蛋蛋刚说完，立刻恍然大悟地叫道："哦，原来那天妈妈注册手机银行时，脸对着手机，就是往银行的数据库里输入人脸数据呀！"

小芯点头道："是啊，注册就是把蛋蛋妈的标准'人脸'存储在数据库里，以后要开启蛋蛋妈的手机银行，就把拍摄到的人脸与数据库里已存的标准人脸进行比对，只有比对成功了，才能进入蛋蛋妈手机银行的专属空间。"

南柯不解地问："那为什么蛋蛋妈要对着手机眨眼摇头呢？"

小芯笑着说："那是要证明蛋蛋妈是'活的'。"

蛋蛋吃惊地叫道："啊？活的？我妈当然是活的，不是活的还能拿手机？！"

小芯解释道："这是人脸识别技术中的活体检测，为了防止有人拿着你妈的照片或视频去摄像头前冒充你妈，所以，在注册时，机器发出口令，让你眨眼、摇头，如果是真人，一定可以做到；如果是冒充的，就无法做到，因为照片上的人是不会眨眼、摇头的。"

蛋蛋恍然大悟道："原来是这样！"顿了顿，又问道，"为什么妈妈注册手机银行时要念那些数字呢？"

小芯赞赏地说："问得好！那是 AI 声纹识别技术。"

南柯追问道："什么是声纹识别技术？"

小芯答道："声纹图谱是人在说话时的话音频率，任何人的声纹图谱都有差异；比如说，男孩的声音低沉一些，女孩的声音则高而尖细，也就是说频率不同，即使你模仿得再像，一旦用声纹图谱分析，立马就露馅。"

蛋蛋又问道："那妈妈念数字，就是在做声纹识别？"

小芯点点头："是的，注册时念一串数字，就是把你妈妈的声纹特征存储起来；就像人脸识别一样，以后要进入手机银行，也可以比对声纹，成功了就能进入。"

"哇，手机银行有这么多高科技护航！"南柯不禁赞叹道。

阿呆说："那就不怕钱被坏人偷走了。"

小芯接着说："声纹识别技术主要用于两个场合，一个是说话人辨认，用来辨认是多个说话人中哪个人说的；另一个是说话人确认，用来确认某个说话人是否是指定的人。"

侦探迷南柯马上想道："警察叔叔破案时可以用到说话人辨认！"

阿呆跟着说："那手机银行用的一定是说话人确认。"

小芯赞赏地点点头。

蛋蛋仍然有些不清楚，问道："语音识别与声纹识别是不是一回事呢？"

"很好，蛋蛋提的问题是许多人共同的问题。"小芯表扬了爱动脑筋的蛋蛋，接着说道，"语音识别是识别语言的内容，而声纹识别是识别说话人的身份。"

蛋蛋总结道："我明白了，语音识别是识别说了什么，声纹识别是识别谁在说。"

这时，蛋蛋的手机响了，是蛋蛋爸用微信发来的语音，蛋蛋爸着急地问道："蛋蛋，刚才你是不是动了我的箱子？"

蛋蛋担心挨骂出丑，怕同伴们听到，急忙用手按了按屏幕，只见手机屏幕上蛋蛋爸的语音转成了文字。

阿呆看到了蛋蛋的小动作："咦，是语音转文字！"

南柯转过头来问小芯："这也是 AI 技术吧？"

小芯说："是的，那是语音识别，要想把识别出的语音转换为文字，手机或电脑首先要听懂说了什么，然后像你们查字典一样，找出对应的文字，再输出到屏幕上显示。语音识别的应用，还有录音转文字、多语言翻译和 AI 虚拟主播等。"

蛋蛋叫道："多语言翻译我知道！上次我妈妈和朋友出国旅游就用了手机翻译软件，只要对着手机说中文，中文立即就会翻译成外语，不懂外语也能和外国人聊，吃、住、行、购物全都难不倒。"

南柯问道："我在某个电视节目上见过一次 AI 虚拟主播，那是怎么做到的？"

小芯说："哦，那是由真人主播面对镜头，提前录制一段播报新闻的视频，通过这段视频，提取他的声音、唇形、表情、动作等，然后再经过语音合成、唇形合成、表情合成等人工智能技术，完全克隆真人主播，使 AI 虚拟主播具备了与真人主播一样的播报能力；以后只要输入文稿，AI 虚拟主播就会像真人一样主持播报了。"

接着，南柯又问道："那自然语言处理是什么呢？"

小芯说："首先我们要搞清楚什么是自然语言，自然语言就是人们日常使用的语言，比如说我们平时讲的方言或者普通话。自然语言是人类交流的主要工具。"

蛋蛋推测道："有自然语言就一定有人造语言吧？"

小芯赞道："很好！有人造语言啊，你们学的计算机编程语言就是人造语言的。"

阿呆不禁幻想道："如果计算机能听懂我讲的话，那该有多好呀！"

小芯接着说道："你讲的话是自然语言，让计算机听懂你讲的话，就是自然语言处理；一个词语可以有多种意思，也就是语义，要根据上下文才能看出来所指的语义，例如：'海'这个字，如果是'大海'，则是指水；如果是'人山人海'，则是指人。自然语言处理涉及语义识别。"

蛋蛋感慨地说："汉语文字历史悠久、魅力无限啊！"

小芯提醒道："小慧的 AI 兄弟 ChatGPT，就是自然语言处理工具。"

南柯点点头："我懂了，图像识别、声纹识别、语音识别和自然语言处理，这些都是人工智能技术。"

第三章
顾问郝爷爷

　　事物发展的趋势总是波浪式前进，科技发展也不例外；人工智能一路走来，经历了波峰与波谷、热潮与寒冬，但终究是向前进。

"科技馆招聘小小志愿者了！"蛋蛋一见到他的两个"铁哥们"——"铁三角"的另外两个成员南柯和阿呆，就迫不及待地把这个消息告诉了他们。

原来，科技馆为了激发少年儿童学科学、爱科学的兴趣，让更多的孩子走进科技馆，特地招聘一批小小志愿者，在周末担任展区"小小讲解员"、科学小讲台"小小实验员"等。经过小芯这么久的熏陶和指导，"铁三角"成员都信心满满地报名应聘了。

这天，三个小伙伴早早地来到了科技馆。

哇，有这么多小应聘者呀！场面十分火爆！

整个面试过程分为三个环节：自我介绍、才艺展示和回答问题。三个小伙伴过关斩将，终于如愿以偿地都通过了面试；经过几天培训，小伙伴们可以上岗了！

在熙熙攘攘的展厅里，三个小伙伴把在科技馆培训中学到的本事与从小芯那里学到的知识相结合，活灵活现、旁征博引地进行讲解，让听众听得如痴如醉。

　　讲解结束时，一个小妹妹对南柯说："姐姐，你好厉害呀！我现在才知道科技馆里藏着这么多奥秘！"有的家长拉着孩子，一定要和蛋蛋合影；一个与阿呆年龄相仿的男孩，与阿呆互加了微信好友。

　　科技馆有位学问渊博的顾问——郝爷爷，他头发灰白，和蔼可亲，看上去十分慈祥；从那眼镜后透出的目光，总是那么炯炯有神；他的语言总是那么睿智而奇妙，引人发笑；看到他总会让人联想到科普读物上的动脑筋爷爷。

　　"听说郝爷爷以前是大学教授呢！"南柯把打探到的消息告诉了蛋蛋和阿呆。

　　阿呆佩服地说："怪不得郝爷爷什么都知道呀！"

蛋蛋也说："我们以后可以多多向他请教。"

这天，三个小伙伴在科技馆的广场旁边看到了一棵树，树上结着红红圆圆的小果实，可爱诱人。

"这是什么树？"

"我看像樱花树。"

"樱花树的果实？我搜一下！"蛋蛋掏出手机，对着小红果一扫，搜索结果瞬间就出来了——东樱，"是樱花树！"

"我说对了！"南柯高兴地举起双手叫道。

阿呆在一旁感慨地说："现在手机查资料真方便！"

蛋蛋一边看手机屏幕上的东樱注解，一边说："这就是小芯说的 AI '图像识别'啊。我爸说他们以前上学时还没有 AI，可现在 AI 为什么突然这么能干了呀？"

忽然，他们身后传来一个声音："其实你爸上学那会儿已经有 AI 了，只是没现在这么能干。"

咦，是谁？小伙伴们转过头一看，原来是郝爷爷！

"郝爷爷好！"三个小伙伴齐声喊道。

郝爷爷高兴地说道："小朋友们好！"

接着，郝爷爷问道："你们小小年纪就在关注 AI 了？"

南柯牵起蛋蛋和阿呆的手，说道："郝爷爷，我们三个人都喜欢科学知识。"

蛋蛋微红着脸，问道："郝爷爷，您是大顾问，我们可不可以问您问题？"

郝爷爷笑了，说道："当然可以呀！"

蛋蛋赶紧提问道："郝爷爷，您刚才说我爸上学那会儿已经有 AI 了，只是没现在这么能干，这是为什么呀？"

"这个说来话长，走，我们到那边去坐下聊。"郝爷爷说道。

不远处正好有一张石桌和四个石凳。坐下后，郝爷爷顿了顿，说道："你爸上学那会儿，受科技条件限制，像现在的图像识别、语音识别等许多技术，是做不到的。AI 发展到现在也不是一帆风顺的，就像热潮与寒冬交替出现一样，经历了'三起两落'呢。"

听到这里，小伙伴们顿时来了兴趣："好像有很多故事的样子！郝爷爷，您跟我们说说吧。"

郝爷爷点点头："这样吧，我们就从 AI 的成长过程，来看

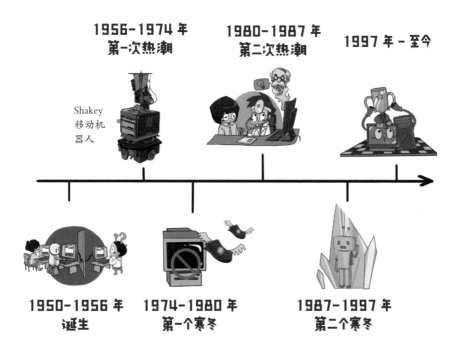

1956-1974 年
第一次热潮

Shakey
移动机
器人

1980-1987 年
第二次热潮

1997 年 - 至今

1950-1956 年
诞生

1974-1980 年
第一个寒冬

1987-1997 年
第二个寒冬

看 AI 的本事是如何渐长的。"

三个小伙伴挪了挪身子，聚精会神地看着郝爷爷。

郝爷爷开始了他的讲述："你们知道图灵吧！图灵在 1950 年提出了图灵测试，到了 1956 年 8 月，一群年轻的科学家在美国达特茅斯学院，开了一场长达两个月的会议，这些科学家讨论机器模拟智能的一系列问题。他们讨论了很久，始终没有达成共识，却为讨论内容起了一个名字——人工智能。"

阿呆恍然大悟道："原来人工智能这个名字是这么来的呀！"

郝爷爷接着说道："接着，在之后的十余年内，许多研究者投入到人工智能的研究中，取得了一些举世瞩目的成就，比如 1959 年，第一台工业机器人诞生；几年后，首台聊天机器人也诞生了。人工智能迎来了发展史上的第一次热潮。"

蛋蛋激动地说："嗯，这是 AI 的第一次热潮！"

"这一时期，计算机在使用'推理和搜索'来解决特定问题方面取得了较大进展。比如：解决迷宫问题。你们看到这幅迷宫图，会怎么走？"说着，郝爷爷在纸上画了一幅迷宫图。

阿呆用手指着迷宫图，边比画边说："我会用手指向着终

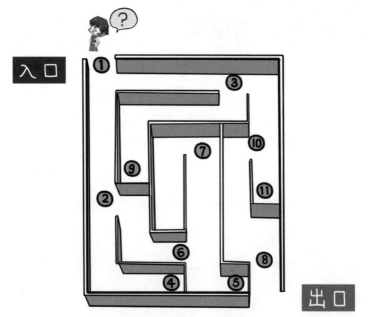

点方向移动，遇到走不通的死胡同就返回，寻找下一条路线，直至终点。"

南柯则说，自己会用铅笔沿着终点方向推移画线，不通就返回，直至走通为止。

郝爷爷笑了，说道："计算机可没有手指，也不会拿铅笔，但计算机有自己的'独门绝活'——用顺序、分支和循环三种编程'招式'解决问题，忠实执行人类指令。计算机会从起点①沿着分叉搜索，比如：先搜索到②；②有两个分路径，其中一个通往④，走到④不通，返回②，再进入⑥；⑥又有两个分路径，先走⑦不通，再返回，走⑤仍不通。那就说明沿着这条路径是走不通的。

"于是返回到①，从另一个分叉搜索，先是搜索到③；③有两个分路径，其中一个通往⑨，走到⑨不通，返回③；进而搜索到⑩，⑩又有两个分路径，其中⑪走不通，返回后，走⑧通了，这样就找到出口了。

"对于计算机，只有走不通'no（否）'和走得通'yes（是）'两种情形，只需区分 no 或 yes；一个不漏地试，走到不能走了为止，再转往下一个分支，直至找到出口。一旦找到出口，就可以标出一路走过的路径。"

蛋蛋叫道："区分 yes 或 no 是计算机最拿手的！"

郝爷爷赞许道："嗯，计算机与人脑的区别之一在于，计算机可以探索'所有选项'，这是计算机的巨大优势。"

南柯点点头，心想：是啊，如果迷宫复杂了，人类就可能漏走或重复走许多路径呢！

郝爷爷接着说："人们整理搜索的路径，发现它自上而下，像一棵长着许多树杈的树，所以把它叫作'搜索树'。这种'推理和搜索'的 AI 方法，现在仍有研究与应用，比如 AI 棋类。"

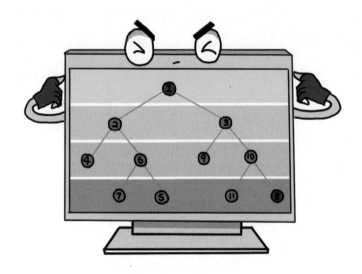

阿呆迫不及待地问："那寒冬是怎么来的呢？"

郝爷爷不紧不慢地说："早期的人工智能大多是通过固定指令来解决特定的问题，并不具备真正的学习和思考能力，问题一旦变复杂，人工智能程序就不堪重负，变得不智能了。同时由于当时计算能力的严重不足，在 20 世纪 70 年代，人工智能迎来了第一个寒冬。"

平时受爸爸熏陶，有些计算机知识的蛋蛋问道："郝爷爷，计算能力严重不足，是因为当时计算机 CPU（中央处理器）的运算能力和速度不行吗？"

郝爷爷点点头："嗯，不仅是 CPU，存储器的存储能力也严重不足；今天你们用的电脑上的硬盘存储容量动不动就是几百 GB（计算机存储单位，1GB=1024MB），可 1980 年第一款容量上 GB 的电脑，硬盘大得像一台冰箱！"

阿呆惊讶地说："那时候的电脑这么差劲呀！"

蛋蛋若有所思地说："嗯，所以当时人工智能的发展受到了限制。"

南柯接着说："有了限制就会有突破，下面估计该出现第二次热潮了！"

郝爷爷点点头："是的，科学家们并没有停下前进的脚步。终于在 1980 年，卡内基梅隆大学设计出了第一套专家系统，这套专家系统具有强大的知识库和推理能力，可以模拟人类专家来解决特定领域的问题。从那时起，机器学习开始兴起。"

蛋蛋好奇地问道："什么是机器学习呀？"

郝爷爷顿了顿，说："讲机器学习之前，我们先来看一下人类是怎样学习的。从婴幼儿时期起一直到成人，学校老师教我们书本知识，爸爸妈妈教我们生活经验，使得我们对某些问题形成认知或者总结出某些规律，然后用这些认知和规律来解决类似问题。比如说：书本上讲用电知识，爸爸妈妈也告诫要安全用电，所以，我们从小到大就形成了触电危险的认知，因此，当手是湿的时候就不会去插拔电源插头。"

蛋蛋插话道："如果机器也像我们人类一样，能从知识里

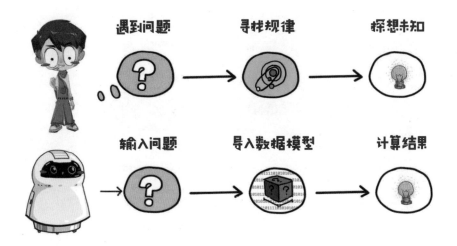

发现规律，并自己学习，那就太好了。"

郝爷爷点点头说："是的，经过不断努力，科学家终于成功发明了一些算法，使得计算机可以从现有的数据或经验中学习，得出某种模型或规律，利用此模型或规律预测未来，并且可以随着输入数据数量的增长而提升学习效果，这就是机器学习。"

蛋蛋激动地说："我知道了，机器学习就像我们学生复习考试，复习时要做大量的练习题，在做题过程中不断归纳总结各类题型及解题方法，到了考试时，面对各类试题就能很快地理清解题思路。"

南柯也说："越学习经验越多，预测也就越准确了！"

郝爷爷赞赏地点点头："嗯，不错！机器学习是人工智能的一个分支，专指从数据中学习的算法。"

接着，郝爷爷继续说道："这一时期各种专家系统开始被广泛应用。专家系统由知识库和推理机等组成。知识库里装的是人类的知识和专家的经验；使用专家系统时，用户向计算机输入问题，计算机里的专家系统就会根据问题，到知识库中查找相关知识和专家的经验，并经过推理机算法得出正确解决方案。"

蛋蛋不好意思地挠了挠头说："郝爷爷，您说得有点深奥，我还是没有理解'专家系统'是怎么用的……"

郝爷爷换了种说法："我举个例子来解释一下吧。有位著名的老中医关幼波，他与另外两位老中医鲍友麟、梁宗翰，和计算机科研人员一起，完成了'七五'国家重点科技攻关课题'关

幼波、鲍友麟、梁宗翰老中医专家系统'的研制。这个老中医专家系统的知识库里收集了几位老中医的学术思想和临床诊疗经验，如症状、方药等；年轻的中医利用这套系统给病人诊疗时，通过人机交互式智能问诊，老中医专家系统就会结合知识库，推理出症状分析和处方解释的最终结果。"

蛋蛋理解了郝爷爷的意思，说道："借助老中医专家系统，年轻的中医得到了中医名家的加持！"

郝爷爷接着说道："随着专家系统的应用领域越来越广，问题也逐渐暴露出来。专家系统中的知识有限，且随着知识的不断增多，就会出现给出的解决方案自相矛盾或前后不一致的情况，而且经常在常识性问题上出错，因此……"

阿呆急忙接话："因此，又遇到寒冬了！"

蛋蛋关切地问道："老中医专家系统的命运怎么样了？"

郝爷爷说："哦，许多科学家和中医在寒冬中不断努力改进，使老中医专家系统走过了寒冬，如今的老中医专家系统采用了许多 AI 新技术，已是今非昔比了。专家系统是人工智能研究的方向之一。"

蛋蛋放心地舒出一口气。

郝爷爷接着说："直到 1997 年，IBM 公司（国际商业机器公司）的'深蓝'计算机战胜了国际象棋世界冠军卡斯帕罗夫，'深蓝'在一秒钟内能够计算 2 亿种可能的位置，搜索并估计

随后的 12 步棋。这一事件成为人工智能发展史上的一个重要里程碑。之后，人工智能又开始了平稳向上的发展。深度学习技术的出现，又一次掀起人们对人工智能研究的热潮，这一次热潮至今仍在持续。"

蛋蛋恍然大悟道："啊，原来我们正在经历第三次热潮！"

郝爷爷点点头："刚才你们用手机来'识物'，就用到了人工智能的深度学习技术。"

南柯又问道："什么是深度学习技术呀？郝爷爷您能……"

"郝顾问、郝顾问……"远处传来科技馆工作人员的呼叫声。

郝爷爷微笑着对三个小伙伴说："对不起了，他们有事喊我，今天就聊到这里吧！"

"那好吧，郝爷爷，谢谢您了！"

"小朋友们，要保持这股爱科学、学科学的热情哟，下回我们再聊，再见！"郝爷爷挥了挥手，就径直朝工作人员走去。

与郝爷爷告别后，蛋蛋急忙掏出口袋里的小芯，问道："小芯，你刚才都听见了吧？"

小芯笑眯眯地说："听见了，郝爷爷讲得很好呀！"

南柯问道："郝爷爷没讲完就有事走了，小芯你应该知道什么是深度学习技术吧，你给我们讲讲？"

小芯看向科技馆的门口，说道："瞧，科技馆正有一大批游客进场呢，你们要去'上班'啰！"

哎呀，小伙伴们想起来了，今天是小小志愿者活动的最后一天，得站好最后一班岗呢！

南柯只好说："那小芯，这个回答你先欠着，等下次见面，你可要好好告诉我们呀！"

说完，三个人匆匆走进科技馆大门。

小小志愿者的体验，让小伙伴们收获满满，在走近科学世界的同时体会到帮助他人的重要性，真是服务他人、快乐自己！

第四章
母亲节的礼物

人工智能如何赋能农业、制造业、交通和物流？
让我们跟随一件礼物的行踪，"窥一斑而知全豹"吧！

"母亲节"快到了，蛋蛋打算给妈妈一个惊喜，便和爸爸商量了一下，父子二人一拍即合。

为了不引起蛋蛋妈的注意，他们最后决定在网上给蛋蛋妈买一件衣服作为礼物。

这天，蛋蛋妈有事出门，蛋蛋和爸爸便立即行动起来，开始在网络上疯狂搜索，把看中的衣服都放进了购物车，不一会儿，便加满了购物车。

忽然，一件看起来很不错的衣服的广告从电脑屏幕的角落弹了出来。

蛋蛋惊喜地说："嘿，这件上衣真不错呀！很适合妈妈，这广告推送得还挺精准的。"

"哦，这是 AI 机器推送的广告。"蛋蛋爸不以为意地说道。

AI？听到这个词，蛋蛋顿时竖起耳朵听起来。

蛋蛋爸接着说："我们一直在网上为妈妈挑选衣服，并把感兴趣的衣服都放进了购物车里，商家根据这些信息，如喜欢什么样式的衣服、在什么价格范围内等，用 AI 技术分析出我们的喜好，这在专业上叫作'给用户画像'。AI机器根据用户画像数据，精准地把相关广告推送给我们了，这个过程完全不用人工干预。"

蛋蛋点点头："原来如此！那就选这件上衣吧，再搭配一件下装，是配裙子好看还是裤子好看呀……"

听到蛋蛋的嘟囔声，爸爸说："我来下载个虚拟试衣软件，试着搭配一下。"

蛋蛋惊讶地说："虚拟试衣软件？还有这种软件呢？"

蛋蛋爸说："那当然，现在AI的新奇玩意儿多着呢！"

蛋蛋更惊讶了："啊？这也是用AI做的？"

蛋蛋爸边下载软件边跟蛋蛋开玩笑："啧，作为我的儿子，怎么能连这个都不知道。在虚拟试衣软件上，只要提供妈妈的照片，AI就会自动分析妈妈的体型和气质，结合数据库里大量不同颜色、不同风格的服装，形成一张张试穿照片，供我们选择。"

蛋蛋笑道："哈哈，可以在线试衣服了！"

软件下载好以后，蛋蛋上传了妈妈的照片，并在依据照片生成的虚拟人像上调整发型、发色，输入身高、体重等，这样，一个虚拟的蛋蛋妈就做好啦！

然后父子二人就对着软件制作好的虚拟的蛋蛋妈，乐呵呵地替蛋蛋妈试衣服啦。

"这条裤子穿了显瘦。"

"这条裙子不错……"

最后，两个人选定了一套满意的衣服，并成功下单！

完成了计划，蛋蛋立刻回到房间跟小芯分享了这个神奇的软件："这个虚拟试衣软件背后的 AI 技术好神奇！不用脱衣服就能换，一件一件地试衣，试到满意为止。"

　　小芯点点头："嗯，现在 AI 技术在网络购物中起了很大作用，想不想看一下在 AI 的助力下，你送的礼物是怎样来的，又是怎样送到你妈妈手中的？"

　　蛋蛋不解地问道："礼物怎样来的？不就是买来的嘛；怎样送到我妈妈手中的？不就是快递小哥送的嘛！"

　　小芯脸上露出神秘的笑容，说道："看了就知道了！"

　　"好啊好啊，你又要启动超能力了吗？明天是周末，能叫上阿呆和南柯吗？"

　　小芯对着空气无奈地翻了个白眼："什么都瞒不过你，对呀，是超能力……阿呆和南柯可以一起去，不过现在你必须去睡觉了！"

　　"好的好的。"蛋蛋带着激动的心情和对明天的期盼进入了梦乡，在梦中，妈妈的礼物正向他走来，越来越近……

　　第二天，在"秘密基地"，小芯还没说话，南柯就开口了："小芯，快使用超能力带我们去追礼物！"

　　看着这些小朋友猴急的模样，小芯哭笑不得："来了来了，别急，马上就好！"

　　小芯一挥手，一辆小汽车瞬间出现在三个小伙伴面前！

　　"大家上车，我现在就带你们去追踪蛋蛋妈的礼物。先去看礼物是怎么来的，再看看礼物是怎样送到蛋蛋妈手中的。"

小芯又做了一个敲黑板的动作，说道："重点来了！关注 AI 是如何赋能农业、制造业、交通与物流的！"

"哇，我们这一趟可以看到那么多呀，真过瘾！"

小芯又翻了个白眼："当然无法把这些行业全看完，只是看个缩影！"

上了车的三个人，眼睛直勾勾地盯着空空的驾驶座。然后你看看我、我看看你：谁来开车？

只听小芯一声令下，小汽车居然自己跑了起来！

"无人驾驶汽车！"三个人同时惊喜地叫道。

小芯有些得意地说道："答对啦！知道吗？我们现在坐的这辆车就用到了 AI 技术！它和人一样会'思考'和'判断'。"

正说着，无人驾驶汽车开始加速，接着腾空而起，冲天而去。

"哇，这车还会飞！"小伙伴们惊呼道。

"这是陆地空中两用的无人驾驶汽车！"

南柯"见多识广"地说："我们在《会说话的芯片》那册书的国庆大阅兵仪式上，见过类似的车。"

蛋蛋补充道："那是特战队能跑会飞的空中突击旋翼机，既能当汽车，又能当飞机！"

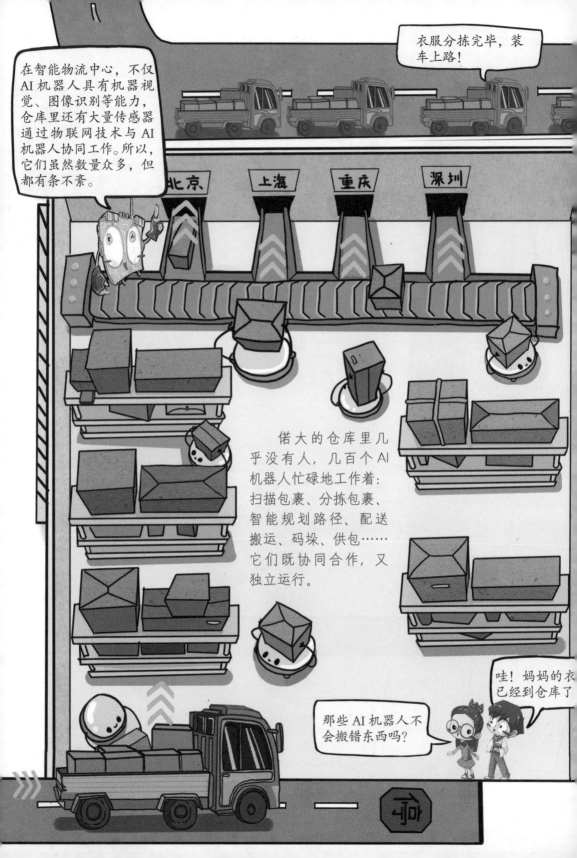

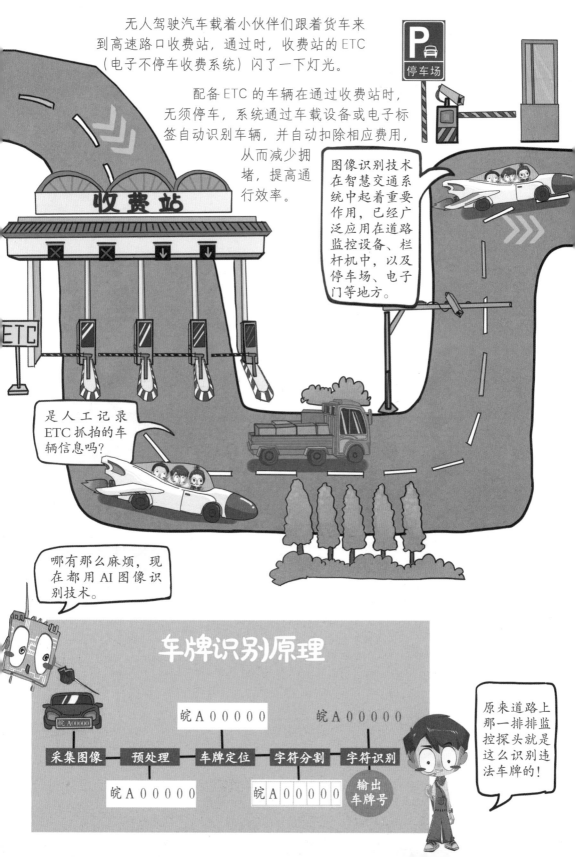

运气还不错，遇到下班高峰期也没有堵车！

以前，路口的红绿灯按照固定时间切换；高峰期，交警还会亲自指挥交通。现在，有了AI和大数据技术，交通系统可以实时监控人流、车流状况，并智能配时红绿灯。比如，当某段路口拥堵时，系统会延长绿灯配时，相应减少其他流量少的路口的绿灯配时，从而提升通行效率。

不是运气好哟，是AI在背后给我们帮忙呢！

这就是智慧交通！

经过这一趟旅程，蛋蛋感触颇深："原来网购要经历这么多物流环节呀，而且几乎离不开 AI 技术！"

小芯说："我们这一趟看到的只是 AI 技术助力物流的一部分，还有很多细节你们没见到呢，比如 AI 帮快递小哥优化配送线路；根据收派任务匹配配送速度不同的快递小哥；还有 AI 客服机器人，能自动理解对话的语境与语义，实现人机问答的自然交互，等等。"

南柯赞同道："是的呢，有时候跟卖家在线联系时，就会出现'此消息由机器人发送'的字样！"

谈论之间，小芯已经把大伙儿送回了"秘密基地"。

不知此时蛋蛋妈是否收到了快递取件码呢？蛋蛋一边迫不及待地往家赶，一边想象着妈妈收到取件通知时的意外和打开包裹时的惊喜，不自觉地脸上就露出开心的笑容。

第五章
自学成才的机器

　　为了使机器更加智能，人类做了大量研究，有趣的是，回过头来却发现宇宙中最智能的是人类自己的大脑。人工神经网络就是想要模拟人类大脑智能的网络！

六一儿童节是属于孩子们的节日，蛋蛋、阿呆和南柯早就约好了要去曾经就读的幼儿园"找回忆"。原来，他们三个曾就读于同一所幼儿园，自幼儿园起就是形影不离的好朋友，"铁三角"的情谊还是有些年头了！所以大家决定在他们最初相识的地方，来欢度这个属于他们的节日。

然而，现实总是残酷的——他们被保安拦在了幼儿园门外。无奈，三个人只好隔着铁栏杆"忆往事"了。

"现在的幼儿园比我们那会儿要大不少呢！"

"听说好像进行了扩建，你看连墙上的挂画都换了，以前都是小动物，现在内容更丰富了。"

"嗯嗯，那边还加了两个大滑梯呢……"

他们越说越起劲，并没有因为不能进到幼儿园里面而感到沮丧。他们顺着铁栏杆走到操场附近，看到三位老师正领着小朋友们在做游戏：一位老师扮演"苹果姐姐"，另一位老师扮演"香蕉姐姐"，第三位老师指着"苹果姐姐"对小朋友们说苹果是红色的，又指着"香蕉姐姐"说香蕉是黄色的；然后，第三位老师让小朋友们从一大箱玩具中，找出红色玩具送给"苹果姐姐"，找出黄色玩具送给"香蕉姐姐"……

蛋蛋看了一会儿，说道："他们好像在学习辨认颜色！"

阿呆不屑地说："这也太幼稚了吧！"

南柯对阿呆说："嘿，别忘了你当年也是这么学习的。"

忽然，蛋蛋的口袋里传出小芯的声音："喂喂，可别小看这种学习方法，人工智能也是这么学的！"

"啊，人工智能？用这么幼稚的方法？"阿呆觉得不可思议。

这时，小芯从口袋里跳出来，站在蛋蛋的肩膀上，指着那群小朋友说："他们可是很聪明的，你们看，老师说苹果是红色的、香蕉是黄色的，只说了一遍，他们就记住了，而且也没有出现送错玩具的情况。"

阿呆得意地说："这么说，我也挺聪明的。小时候我妈教我认识猫这种动物，第一次见到它我就记住了。"

小芯接着说："你看过一次就能认识猫，但要让计算机认识猫可没这么容易。"

蛋蛋好奇道："为啥？计算机的'记性'不是比人要强吗？"

小芯神秘地说："计算机的'记性'，哦，就是存储能力，是人类无法比拟的，可要让计算机辨识物体却是一件很难的事情，这背后的原理是很复杂的。"

听到这里，三个人知道又到了小芯的"科普时间"，于是都认真地听小芯接下来的话。

"解释原理之前，先来了解一下你们人类的大脑。人类的大脑由大量相互连接的神经元组成。大约 1000 亿个神经元在人类的大脑中形成一个复杂且相互关联的网络，使人类能够产生复杂的思维模式和行动。"小芯说道。

阿呆插话道："是不是人的脑袋越大，神经元就越多，人就越聪明？"

小芯摇了摇头，说："人类的聪明程度不仅和神经元的数量有着千丝万缕的联系，还与神经元突触的数量、神经元之间的联结强度有关。"

见大家听得不是很明白，小芯把他们带到一处隐蔽的树丛中，然后一伸短腿，一张图片便出现在空中。它接着说："一个典型的神经元主要包括树突、细胞体、轴突、突触等。树突接收其他神经元输入的信号；细胞体产生兴奋或者抑制（当输入信号的积累超过某个临界值时，细胞体就会处于兴奋状态，

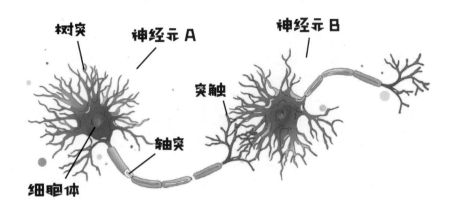

否则就处于抑制状态）；轴突负责信号的中间传递；而突触负责与其他细胞相互连接，即输出信号。"

蛋蛋略歪着头想了一会儿，说道："嗯，我是这样理解的：树突就像大树的根须，吸收其他神经元送来的'水分和养料'；当'水分和养料'高于一定数量时，细胞体就高兴，否则就不高兴；细胞体的'情绪'经过轴突传递到突触，再由突触传递给另外的神经元。"

小芯点点头，接着说："一个成年人的大脑平均重量在1300克和1400克之间，拥有大约1000亿个神经元，如果把它们排成一条直线，长度将达到1000公里，差不多是从北京到南京的距离，每个神经元又在几个方向上与多个神经元相连，这意味着突触的数量在100万亿与1000万亿之间，这么多的神经元及连接形成了一个超级大型的网络。人类大脑就是因为这些网络，才有了各种各样的思想和意识。" .

蛋蛋不禁感叹道："哇，大脑好复杂呀！"

小芯转过身问阿呆："你还记得小时候你妈妈是怎么教你认识猫的吗？"

阿呆眉飞色舞、连比带画地说了起来："我记得那时我妈妈从外面抱了一只我从没见过的小动物回家，毛茸茸的很可爱，我十分兴奋，妈妈告诉我这是小猫咪，以后就住在我们家了，我就记住了小猫咪，并且和它成了好朋友。"

小芯继续说道："很好，见到小猫咪，你很兴奋，也就是你的神经元细胞体处于兴奋状态，这种兴奋经过轴突传给突触，突触再传递给另一个神经元，这样，你的脑海里与猫有关的突触连接就会增强。"

蛋蛋问道："可是，阿呆以前从没见过猫呀？"

小芯顿了顿，说道："小阿呆的脑海里神经元原先没有与猫有关的突触，见过猫后，就会形成新的与猫有关的突触连接；重复多次地看猫后，这些相关的突触连接强度就会不断增大，小阿呆对猫的反应就愈加灵敏；当然，如果小阿呆只见过一次小猫咪，以后再也没见过，慢慢地就会淡忘小猫咪了。"

阿呆点点头，恍然大悟。

蛋蛋总结道："也就是说，神经元的使用率越高，突触连接就越多；反之，突触连接就越少。"

南柯简洁明快地说："用进废退！"

阿呆由衷地赞叹道："哇，不愧是学霸！"

蛋蛋接着说道："原来是这样啊，我懂了，我们学习的次数越多，相关的神经连接就越强。"

阿呆耸了耸肩膀："难怪语文老师总是强调要'大量阅读'，数学老师强调要'大量做题'，英语老师强调要'大量背单词'！"

见他们都明白了，小芯接着说道："讲完了人类的大脑神经网络，我们来看看人工神经网络。"

这时，蛋蛋嘟囔道："人工智能、人工神经网络……都是人工的。神经网络还能由人造出来吗？造出来得是啥样？"

小芯短腿一抖，小伙伴们眼前便出现了一个虚拟的"怪物"，看上去有些眼熟。

"嘿，你们好！我是人工神经元 AN！"这个叫 AN 的"生物"正向小伙伴们打招呼呢！

"嘿，你就是人造的神经元？！"

"你的外形和人类大脑神经元还真有点像呢！"

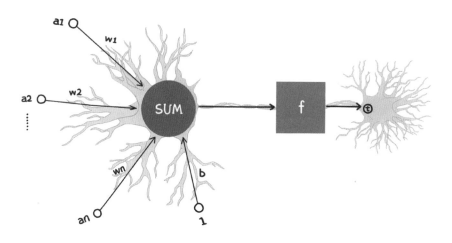

面对小伙伴们的议论，AN"摇头晃脑"地说道："是的，科学家们努力把我打造得跟真的一样，看到了吧，这些是我的输入端，哦，也就是'树突'；这些是我的输出端，也就是'突触'；这中间是我的处理单元，也就是'细胞体'；当然还有用于传递信息的'轴突'。"

蛋蛋问道："AN，科学家们把你打造成这个样子有什么用吗？"

AN 说："科学家们让我们兄弟姐妹手牵手地一层一层排

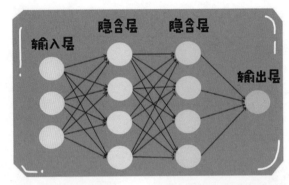

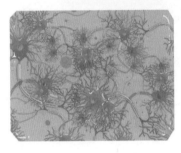
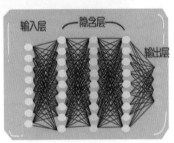

列起来，说是组成什么'人工神经网络'，左边的层叫作输入层，右边的层叫作输出层，中间的层叫作隐含层，就像你们人类可以盖很高很高的楼，深度人工神经网络可以有很多隐含层呢！"

蛋蛋说："世界上最高的楼有一百多层呢。"

小芯点点头："机器学习有许多研究方向，深度学习是其中的一个研究方向，引入多层人工神经网络后，也称为深度神经网络，如：卷积神经网络、生成对抗网络等。"

小芯的短腿一抖，空中又出现了一幅图。

小芯指着图片说道："这就是人工智能、机器学习和深度学习之间的关系！"

聪明的南柯立刻理解了，说道："人工智能中包含了机器学习，机器学习中又包含了深度学习。也就是说机器学习是人工智能的一个分支，而深度学习又是机器学习的一个分支！"

过了一会儿，见大家的议论停下来了，AN 接着说："嗯，就像人类大脑神经网络接受兴奋和传导兴奋一样，我们深度人工神经网络，输入的信号经过中间的隐含层人工神经元处理后，输出到下一个人工神经元，逐层传递，最后到达输出端。这种多层结构的网络就是深度学习的结构。"

阿呆笑了："你们兄弟姐妹凑在一起怎么'深度学习'呢？"

AN 说："哦，不是'凑在一起'，应该称之为组成深度神经网络，我们的特点是会自我学习、自我纠正。就是说如果我们

做得不如预期的好，通过学习，我们会做出改变，下次做得更好，通过一次次实践，我们就不断进步了，就像你们学习一样！"

蛋蛋疑惑地问道："像我们学习一样？"

这时，小芯插话道："它的意思是，像老师布置练习题让你们做，做完后，老师进行批改，做错了打个叉，做对了打个钩，以示褒奖鼓励！你们根据老师的标准答案更正自己练习题上的错误。"

南柯说道："是啊，我们就是这样的！"

小芯接着说："如果老师不断地布置同一种类型的练习题，你们不断地做这种类型的题、不断地更正错误，对这种类型的题的印象越来越深，熟练程度越来越高，打钩的越来越多，打叉的越来越少；最终，你们一见到这种类型的题，就会有正确的解题思路，并得出正确的答案，答题速度也大大提升了，当然，老师也就满意了。"

AN 点点头："嗯，我们是通过减小预期值与实际值的误差，获得奖励，不断进步的！"

南柯笑道："呵呵，理想与现实的差距！"

蛋蛋继续问道："调整什么呢？"

AN 低下头，有些不好意思地说："我也不太清楚调整什么，科学家们说是'权重''阈值'什么的，但我知道，经过调整后我会变得越来越聪明，误差也会越来越小。"

蛋蛋叫道："这就是深度神经网络技术背后的秘密！"

南柯也叹道："最终理想与现实就越来越接近了。"

听到这里，AN 高兴地抬起头，说道："是啊是啊，比如说，人们给我们看猫的图片，开始时我们看不准是什么，后来反反复复看多了，我们就能辨认出那是一只猫了！"

小芯在一旁解释道："反反复复看的过程就是深度神经网络的'训练'过程。"

蛋蛋点点头："是啊，我们考试前复习，要做大量的习题，这应该就是'训练'吧！"

小芯继续说道："深度神经网络的训练过程是由计算机算法自己完成的，不需要人干预，比如让计算机识别猫，人们只需提供大量猫的图片。"

停顿了一会儿，似乎是让小伙伴们消化一下，小芯才接着说道："如果把这个训练好的深度神经网络（软件），安装到你的计算机上，你的计算机就可以识别猫了。"

AN 高兴地说："就是就是，把我们训练好后，安装到你们的计算机上，你们的计算机就有'智能'了！"

小伙伴们立刻明白了：原来是这样啊！那天在科技馆，用微信"扫一扫"树上的果实，就能够识别出那种果实是东樱果实，一定是之前训练过对东樱图片的识别！

这时，小芯短腿一挥，虚拟的 AN 瞬间消失了。

蛋蛋对小芯说："我还有一点不清楚，就是郝爷爷说很早以前就有机器学习了，那时是怎样识别猫的呢？"

小芯说道："在深度学习出现前，计算机要识别一只猫，人们必须先把猫的特征告诉计算机，让计算机记住，如：猫有一个圆圆的脑袋、顶着一对三角形尖尖的耳朵、鼻子底下长着人字形的嘴巴……以后再见到类似形象，就能够辨认出是猫了。"

蛋蛋明白了，说道："哦，我懂了，

深度学习出现前,计算机识图,靠的是'教';而现在计算机识图,靠的是'自学'。"

小芯赞同道:"嗯,当年,谷歌大脑团队通过深度神经网络技术,让 16000 台电脑学习了 1000 万张图片,最后成功从随机抽取的 20000 张图片中'认出'了猫。"

南柯补充道:"那 1000 万张图片肯定是互联网的功劳!"

小芯赞许地说道:"聪明!正是有了互联网后,网上有海量数据,才有了现在人工智能的又一波热潮!这在没有互联网的年代是无法实现的。"

晚饭后,蛋蛋在房间里奋笔疾书地做作业,刚写完最后一道题,"叮咚"一声,手机上弹出了一条微信消息,是阿呆在"铁三角"群里发言呢!

"各位,大脑神经网络训练结束了吗?"

"我刚刚做完作业。"蛋蛋回了一句。

"我早就结束了!"南柯也发言了。

"你们做作业就像是机器学习。"这是小芯发的。

小芯怎么也能加入群聊?用小芯的话说,没有它控制不了的电子设备,不愧是神通广大的"智慧芯"!

南柯提问道:"为什么这样说?"

"因为细分的话,机器学习可以分为监督学习和无监督学习。你们在学校做课堂作业,就像监督学习;回家后做家庭作业,就像无监督学习。"

"为什么这样说？"阿呆重复南柯的提问。

"还是举识别猫的例子来说明吧：拿很多猫的照片给计算机看，照片都贴上'猫'的标签，计算机看多了，以后见到没有贴标签的猫的照片，也能从中识别出来猫。这就是'监督学习'，也称为'有教师学习'。"

蛋蛋回复道："嗯，很形象，像课堂作业，有老师辅导。"

小芯又说："如果给计算机看的都是没有贴上标签的照片，让计算机自己找出猫的特征，以后在一堆图像中，计算机也能识别出来猫。这就是'无监督学习'，也称为'无教师学习'。"

南柯表示赞同："嗯，也很形象，像家庭作业，没有老师辅导，学习靠自觉嘛！"

阿呆则提出："每张照片都要贴标签？那样要贴好多呀？"

小芯回答道："是啊，贴标签也叫作'标注'，给图像或影像等数据做标注的人称为'数据标注员'，AI 数据标注员被称为'人工智能背后的人工'。"

阿呆想了想，问道："那要标注多少数据呀！"

蛋蛋推断说："标注数据量应该非常大，这样 AI 才'喂'得饱！还得正确标注，这样 AI 才'喂'得好！"

南柯敲出一段话："原来机器能'识图'的背后，还有许多数据标注员在辛勤付出！"

小芯说："今后 AI 发展的方向是，尽量少'喂'，最后做到'不喂'，让 AI 完全靠自己'摸索'，自学成才。"

阿呆激动地说道："就像科幻电影里的 AI 机器人，无所不能！"

小芯解释道："科幻电影里的 AI 机器人是强人工智能，而现阶段的人工智能都是弱人工智能，弱人工智能就是能够帮助我们解决特定领域的一些问题的人工智能，比如说：手机上的 AI 语音助理只会处理语音，不会处理图像；要想实现强人工智能，人类的路还长着呢。"

南柯急着提问："那什么是强人工智能啊？"

小芯说："强人工智能就是能执行'通用任务'的人工智能，而不是解决特定领域中的问题；能够真正像人类一样学习、推理和认知，从而解决问题。"

忽然，微信群里出现一幅图片，大家一看就乐了——一棵大树有许多分支，分支中又有分支……

哇，小伙伴们终于明白了，原来图像识别、语音识别、自然语言处理，等等，都是人工智能这棵树上结的果实啊！

第六章
AI 芯片的家族

　　数据是 AI 的粮食，算法是 AI 的工具，算力是 AI 的基础。数据、算法和算力构成了人工智能三大基石：这其中的算力源于芯片，芯片的性能决定着 AI 的发展。

这天，阿呆和蛋蛋这对围棋兴趣班的棋友下起了围棋，只见正在"厮杀"博弈的两个人或眉头紧皱、或嘴角上扬、或落子如飞、或举棋不定，一招一式各有章法；不久，局势对蛋蛋不利，阿呆显得有点儿得意，嘴里不停地哼着歌："我还是从前那个少年哼哼哼，我还是从前那个少年哼哼哼……"

在一旁观看的南柯觉得有点儿烦，说道："喂，阿呆，你唱来唱去就这一句歌词呀？头都被你唱晕了！"

阿呆不好意思地说："嘿嘿嘿，我只会这一句。"

其实，这一句歌词也是阿呆在放学路上，路过一家商店门口时听到的，歌曲悦耳动听，歌词朗朗上口，可惜的是，阿呆只记住了一句。

蛋蛋问阿呆："这首歌曲叫啥？"

阿呆挠着头皮说："不知道呀。"

蛋蛋笑着说："查一下呗！"

阿呆疑惑道："查一下？怎么查？"

蛋蛋说："用手机音乐播放器上的'哼歌识曲'功能呀！"

蛋蛋拿出爸爸不久前刚给他买的手机，打开音乐播放器，找到"哼歌识曲"功能，对阿呆说："阿呆，你再哼一下。"

阿呆又像模像样重复哼了几声，接着，音乐播放器上就自动出现了《少年》这首歌，还有完整的歌词。

阿呆惊喜地说："哇，音乐播放器还能这么用啊！我看你这播放器还是手机自带的软件！你这手机功能真多！"

蛋蛋说："现在手机功能很多，什么拍照识物、拍照翻译、拍照搜题、拍照立淘，还有拍照一键美颜功能……太强大了！"

"这可都是你手机里的 AI 的功劳哟！"小芯趴在蛋蛋的上衣口袋里说道。

"我手机里也有 AI？"蛋蛋惊奇地问道。

小芯说："那是因为你的新手机里有 AI 芯片。"

蛋蛋不解地问道："可我以前的旧手机也可以拍照识物、哼歌识曲呀？"

小芯解释道："但在处理的质量和速度上差别很大，比如：华为的一款手机，有 AI 芯片，每分钟可以处理约 2000 张图像；

而在没有 AI 的情况下，每分钟只能处理 97 张图像。"

忽然，阿呆叫了起来："哎哟，我们怎么聊起手机来了？下棋、下棋！"

小芯笑着说："看你俩这下棋水平，我还真不好说什么，这样吧，不如我带你们去开开眼，看看什么是超高水准的围棋赛！"

三个小伙伴深知小芯的超能力，忙问道："去哪儿？怎么去？"

看到大家猴急的模样，小芯笑着让他们坐好、闭上双眼，不一会儿，大家脑海中像放电影一样，出现了一个相同的画面——他们"来到了"浙江乌镇！

画面中的乌镇正在上演一场世界级围棋大战，世界排名第一的中国围棋手柯洁对阵 AI 围棋手阿尔法（AlphaGo）。原来是这场著名的人机大战呀！小伙伴们兴奋极了，专注地观战……当双方战至 209 手时，柯洁投子认输，阿尔法 3∶0 大获全胜！

　　赛后，柯洁面对媒体采访时发表感言："未来是属于人工智能的，但我今后不愿再与机器下围棋。"

　　这时，小伙伴们开启了"脑内对话"，就是靠脑电波来交流，这可是小芯的"杰作"。

　　围棋爱好者蛋蛋说道："2016 年 2 月 11 日在中国中央电视台贺岁杯围棋赛决赛中，柯洁击败韩国棋手李世石，获得了冠军。"

　　同是围棋爱好者的阿呆补充道："李世石是韩国著名棋手，曾多次获得世界冠军呢！"

　　小芯接着说道："但那次比赛之后不到一个月，阿尔法就以 4：1 战胜了李世石，这次是阿尔法 3：0 战胜了柯洁。"

　　蛋蛋不禁赞叹道："哇，这个阿尔法厉害呀！"

小芯点头道："那当然，它可不是一盏省油的灯，在挑战人类之前，阿尔法已经接受了约 15 万盘人类顶尖围棋选手对决棋谱的训练。在学习了人类落子布局的特征后，阿尔法又自我对弈了 3000 万盘，不断提高神经网络的精度；它配备了上千个 CPU 和近 200 个 GPU！"

蛋蛋叹道："用了这么多芯片呀？柯洁虽败犹荣！"

阿呆好奇地问："为什么要用这么多芯片呀？"

小芯解释道："AI 下围棋，需要的计算量很大，AI 软件的运行需要芯片，所以阿尔法要用这么多的芯片。现在 AI 领域的芯片，除了 CPU、GPU 外，还有 FPGA 和 ASIC。"

芯说

CPU、GPU、FPGA 和 ASIC

CPU 是中央处理器，是一块超大规模的集成电路，是计算机的运算核心和控制核心。

GPU 是图形处理器，是一种专门用于图形运算工作的微处理器，常用于电脑、手机。

FPGA 是现场可编程门阵列，也称为半定制芯片。它内部的模块都是提前制作好的，只要改变内部模块的连接，就可以组成所需的各种电路了。

ASIC 是专用集成电路，是适用于专门用途的集成电路产品，也就是"量身定制"的，所以也称为全定制芯片，例如：为图像识别专门定制的 AI 芯片。

蛋蛋一脸不解地问道："小芯，我分不清了，你说的这四种芯片，到底哪个是 AI 芯片呢？"

小芯说："如果一个芯片与软件高度匹配，那么这个芯片的运行就非常快、非常省电；人工智能算法是软件，所以只要是能跟人工智能算法匹配的芯片，就是人工智能芯片。"

南柯总结道："也就是说，满足人工智能应用需求的芯片都可以叫人工智能芯片。"

蛋蛋拿着自己的新手机晃了晃，说道："我的新手机就有 AI 芯片，运行速度快又省电，用一块小电池就可以搞定！"

小芯接过话茬："说得再详细一点，你的手机是一种终端设备，所以里面用的就是终端 AI 芯片。"

蛋蛋不解地问："用在不同设备中的 AI 芯片还有区别吗？"

小芯清了清喉咙，说道："有的，AI 芯片按照使用场景来区分，分为云端 AI 芯片和终端 AI 芯片。"

阿呆忙问道："什么是云端 AI 芯片？"

小芯说道："云端就是服务器端，用在服务器上的 AI 芯片就是云端 AI 芯片。"

三个小伙伴摇摇头说："不明白，你还是'比如说'吧！"

小芯笑道："比如说 BAT 吧……"

阿呆打断小芯的话，问道："什么是 BAT？它与 BRT 有关吗？"

一旁的蛋蛋笑了："BAT，B 指百度公司（Baidu）、A 指阿里巴巴集团（Alibaba）、T 指腾讯公司（Tencent），它们是我国的三家互联网公司，BAT 是人们根据这些公司英文名称的首字母而取的简称；而 BRT 是 Bus Rapid Transit 的简称，指快速公交系统。两者没有关系。"

小芯继续说道："百度、阿里巴巴和腾讯，它们各自都搞了个'超级大机房'，'超级大机房'里有成千上万台高档电脑，大家管这'超级大机房'叫数据中心，管这些高档电脑叫服务器；大型数据中心有着强大的计算能力和存储能力，这些数据中心像天上的云一样'高高在上'，通过互联网向人们提供服务。用在这些服务器上的 AI 芯片，就是云端 AI 芯片。"

忽然，南柯似乎想到了什么，说道："我们来做一个实验证明一下！"

阿呆和蛋蛋好奇地问："证明什么呀？"

南柯笑了笑，说："证明是否存在看不见摸不着的'云端'呀！"

阿呆和蛋蛋立刻来了兴趣，问道："怎么证明？"

南柯对蛋蛋说："你的手机不是可以'哼歌识曲'吗？"

蛋蛋茫然地点点头说："是啊，怎么了？"

南柯像侦探一样说道："你断开手机的网络连接，试试看还能不能'哼歌识曲'？"

蛋蛋断开网络后，再打开"哼歌识曲"功能，让阿呆哼了两句，结果显示"无网络连接，可在有网络时重新识别"。

南柯像断案一样分析道："手机的存储空间很小，肯定无法存储海量的歌曲，歌曲一定是存储在云端服务器上，要'哼歌识曲'，手机必须要连接网络，刚才断网就无法进行，这就证明了云端的存在！"

颇有经济头脑的阿呆说道："我猜手机这类终端 AI 芯片，价格一定比云端 AI 芯片便宜得多！"

南柯问道："为什么这么说？"

阿呆解释道："因为要考虑手机的制造成本啊！成本高，售价就会高。但是手机不能卖得太贵了，不然买的人就少了。"

小芯赞许地说道："嗯，不错！终端 AI 芯片的算力不是特别高，所以比较便宜。"

蛋蛋又问："那用于数据中心的云端 AI 芯片的算力应该特别高吧？"

小芯点点头："那当然，数据中心就是计算中心，有成千上万台服务器，要为亿万名用户提供服务呢！"

南柯吃惊地叫道："成千上万台服务器？太夸张了吧！那些公司能有这么大的空间装这些服务器吗？"

小芯解释道："数据中心当然不在企业大楼里。像腾讯公司就把数据中心建在贵州的一个山洞中，里面存放了 30 万台服务器。之所以选择山洞，一是因为人烟稀少，比较安全；二是因为服务器 24 小时连续工作，功耗大、温度高，山洞里温度低，有利于散热、降低能耗。又比如，美国的微软公司为了解决大批服务器功耗散热问题，准备利用海底温度低的特点，把数据中心建在海底呢！"

蛋蛋赞同道："嗯，手机用久了都会发热，更别提那么多服务器在一起不间断工作了，温度一定高得不得了，降温是一个大问题！"

小芯又公布了一组数据："据报道，世界能源的 2% 是全球的数据中心消耗掉的,云计算占据数据中心流量的95%左右。"

南柯吃惊地叫道："啊，数据中心耗能巨大，那真不是夸张了！"

小芯接着说道："从功能角度看，AI 芯片主要做两件事情，一是训练，二是推理。如：让深度神经网络看猫的图片，自学成才的过程就是训练；用训练好的深度神经网络从一张图中找出猫，这个过程就是推理。"

芯说

> **服务器、数据中心与人工智能**：服务器是计算机的一种，它比普通计算机运行更快、负载更高，当然价格更贵；数据中心就是一个天然的海量数据库，每天都有海量的数据生成和转发；人工智能的机器学习需要大量的数据。数据、算力和算法是 AI 的三大基石。

南柯点点头："嗯，AI 训练的目的就是推理！"

小芯又补充道："云端 AI 芯片同时进行训练和推理（注：由此又分为云端 AI 训练芯片和云端 AI 推理芯片）。而终端 AI 芯片常常就只做推理这一件事情。"

蛋蛋接过话茬说道："我的理解是，训练由云端 AI 芯片完成，训练好后，由终端 AI 芯片完成推理工作。"

阿呆补充道："复杂的工作由云端完成，这样终端工作就可以得到简化，从而降低成本了。"

这时，南柯问道："我们知道发展人工智能是国家战略，AI芯片肯定是重中之重，那我们国家的AI芯片做得怎么样了呀？"

小芯说道："还是举例说吧，刚刚提到的BAT，它们全都进军自研AI芯片市场了！例如：百度公司自主研发的昆仑AI芯片，是一种云端全功能AI芯片；阿里巴巴集团旗下的平头哥半导体公司，推出了玄铁、含光系列AI芯片，其中含光800是AI云端推理芯片；腾讯公司投资的AI芯片创企燧原科技公司，推出了云端AI训练芯片等。"

细心的南柯发现了关键点："咦？这三家公司做的都是云端AI芯片啊。"

阿呆猜测道："一定是BAT资金雄厚，所以做的都是'高大上'的AI芯片！"

蛋蛋反对道："我看不完全是这个原因，百度、阿里巴巴和腾讯这三家公司是大型互联网公司，手上有大量的数据，数

据是人工智能的粮

食；它们又有强大的算力，像

腾讯就在贵州山洞里藏着 30 万台服务器呀！所以， BAT 做云端 AI 芯片比其他公司有优势。"

　　南柯点点头说："BAT 我们已经耳熟能详了，除此之外，我们国家还有其他做 AI 芯片的公司吗？"

　　小芯接过话茬："国内有许多 AI 芯片公司，像中科寒武纪科技股份有限公司，推出了终端 AI 芯片及支持训练和推理的云端 AI 芯片，可广泛应用在智能手机、智能音箱、智能摄像头和智能驾驶等领域当中；像华为的海思公司，推出专注于手机人工智能的麒麟处理器、算力超高的华为昇腾 AI 处理器，等等。"

　　蛋蛋总结道："嗯，中国 AI 芯片正在'弯道超车'！"

　　这时，只听耳边嗖的一声，大家脑海里的画面消失了，小芯结束小伙伴们的"脑内对话"，把大家带回了现实。

　　在回家的途中，大家似乎还沉浸在刚才的画面中，大声谈论着当中的情形，对中国 AI 芯片充满了信心和期待；而阿呆却对 AI 战胜人类棋手表示很担忧。

　　这时，小芯开口了："百米王博尔特跑不赢汽车，但田径并没有就此没落；电脑制图技术越来越高超，但绘画艺术也没有因之消亡；柯洁输给阿尔法，但人类竞技围棋仍然很有市场。正如曾获围棋世界冠军的围棋手古力感叹的：'20年不抵3天，我们的伤感，人类的进步。'"

是的，冠军的伤感，人类的进步！

第七章
一项不寻常的作业

  21世纪20年代初，那场肆虐全球的新冠肺炎疫情，如同一场没有硝烟的战争，在这场战争中，中国取得了重大斗争成果。在这期间，AI火线上岗，让我们看一看AI在防疫抗疫中是如何表现的。

　　这天放学后，阿呆和南柯一起去了蛋蛋家，因为科学课老师布置了一项课外调查作业——关注一项大众关切的科技，感受科技给我们的生活带来了哪些变化。

　　三个小伙伴正在商量科学作业怎么写的时候，一阵喊声打断了他们的"筹划"。

　　"蛋蛋、蛋蛋，在家吗？"门外有人喊道。

　　"听声音，好像是我舅舅。"蛋蛋说着，便起身开门。

　　南柯和阿呆礼貌地向蛋蛋舅舅打招呼："叔叔好！"

　　"小朋友们好！"舅舅打完招呼便问蛋蛋，"你爸爸呢？"

　　"他还没回家，可能在加班吧。"蛋蛋回答道。

　　"哦，我找他有点事，那我在这里等他一下，你们继续忙吧！"说完舅舅就在客厅的沙发上坐下了。

　　三个小伙伴继续围在一起叽叽喳喳地讨论，可是，讨论了半天，也没得出结论。

　　舅舅在一旁坐不住了："你们做的什么作业？怎么光说话，不动笔呀！"

"我们做的是科学课的课外作业，老师让我们关注身边的一项科技！"南柯抢着说道。

"还要是大众关切的！"阿呆补充道。

"可是我们到现在都还没讨论出结果……"蛋蛋说。

舅舅似乎有"四两拨千斤"的功力，笑着说道："哦，这个还不容易吗？"

蛋蛋叫苦道："容易？我们都想破头了！"

舅舅笑道："我来给你们指点迷津吧！"

"好呀好呀！"三个小伙伴眼睛里充满了期盼。

舅舅首先问道："既然是大众关切的，那你们说这几年大家最关注的是什么？"

三个小伙伴迷茫地摇了摇头。

"百年一遇的新冠肺炎疫情全球大流行呀，数亿人感染了！"

"这个跟科技有关吗？"蛋蛋问道。

"阻击疫情与科技有关呀！比如说，戴口罩、测体温，这些都是我们身边的事吧？"

"戴口罩、测体温与科技有关？"阿呆不解地问。

"当然啦，把人工智能用于戴口罩、测体温，就与科技有关了……"

"等等，"蛋蛋打断了舅舅的话，"舅舅，你说人工智能？

没说错吧，测体温这么简单的事情还能用到 AI？"

舅舅笑了笑说："你们想想，在像火车站这类人员密集的场所测体温，如果用额温枪一个人一个人地测温多慢呀，可能排队还没有排到测温处，火车都开出几站远了！用上 AI 技术后，不必摘掉口罩，红外热成像仪就能够远距离同时检测多人体温。"

阿呆有点吃惊："啊，原来那个测体温的仪器使用了 AI 技术！"

舅舅点点头："是的，具有 AI 功能的红外热成像仪，会人脸捕捉，自动找到人脸的额头部分，所以，即使你戴了口罩也可以测体温。"

蛋蛋好奇地问："舅舅，你一个医生，咋还懂 AI 技术呢？"

舅舅得意地说："医生怎么就不能懂 AI 技术啦！现在时代发展多快呀，我们不仅要会看病，还要及时学习使用先进的医疗设备，用高科技手段与疾病作斗争呀！"

南柯赞同地说："医生治病就像警察叔叔侦破案件一样，要提早发现疾病的蛛丝马迹。现在警察叔叔破案也都使用好多高科技呢！"

听南柯这么说，舅舅显得十分高兴，接着说："我再告诉你们一个 AI 在我们医院的应用例子吧。"

南柯拿出小本子和笔，高兴地说："叔叔您说您说，越详细越好！这与老师布置的作业有点儿关联了！我们可以选 AI 在医疗中的应用进行调查。"

舅舅问道："你们知道 CT 吧？"

蛋蛋抢着回答道："知道知道！我们在《会说话的芯片》那册书中知道，CT 又叫电子计算机断层扫描，是用 X 射线束扫描人体，由计算机处理后生成的图片，是医生看病的好帮手。"

舅舅接着说道："CT 可以告诉医生病人是否患有新冠肺炎或者病情处于哪一阶段，提供诊断或治疗依据。一般而言，医生诊断一位患者，需要对患者的 300 幅 CT 影像摄片进行读片判断，从中一点一点地查找病理特征。"

阿呆好奇地问："300 幅影像？那眼睛都要看花了呀！"

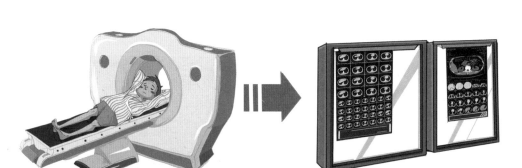

舅舅点点头："是的，医生读片的工作量非常大。庆幸的是，在 2020 年年初开始的这场疫情中，AI 技术火线上岗，大大减轻了医务人员的负担。"

蛋蛋好奇地问道："舅舅，您给我们说说 AI 技术是怎样火线上岗的吧！"

舅舅顿了顿，说："新冠肺炎患者的 CT 胸片的影像，肺部通常有磨砂玻璃那样的细微变化特征，医学上称为'磨玻璃密度影'，CT 可以观察到零点几毫米的病变，对一个病例的 CT 影像进行肉眼分析，人类医生耗时为 5 到 15 分钟。"

"那 AI 呢？"蛋蛋急不可耐地问道。

舅舅慢条斯理地说："AI 使用的是计算机视觉技术，可以深度学习病灶纹理图像的特征。经过学习，能在短时间内完成对多幅 CT 胸片的识别，说得具体点，300 幅 CT 胸片，配置 AI 技术的计算机仅需 10 秒即可完成观察，20 秒内便能得出结论，准确率达 96%。"

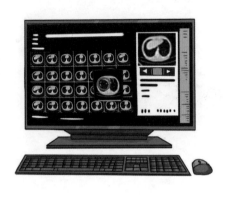

阿呆惊奇地叫道："哇，10 秒钟'看'300 幅图，人类医生可做不到！"

舅舅继续说道："对 AI 来说，只要不断电，就可以 24 小时不间断工作；不仅能持续工作，准确率还很高呢！"

南柯赞道："AI 确实是医生的好帮手！"

舅舅接着说道："通常，AI 读片与医院的信息系统直接连接，图像的传输、查阅和评价过程一气呵成，使得诊断效率飞速提高；另外，对于疑似病例，AI 读片系统会用红字给出疑似新冠肺炎的提示，医生便可以做进一步诊断。这样的工作模式，大大减轻了医生的压力。"

说完，舅舅掏出手机给小伙伴们展示了张照片："看，中国科学技术馆还收藏了第一张新冠肺炎肺部 CT 影像呢！"

蛋蛋惊讶地说："一张 CT 影像竟然能被中国科学技术馆

收藏？"

南柯也说道："这事我还是第一次听说，那么，这张 CT 影像到底有什么独特的价值和魅力呢？"

"这是第一张用 AI 技术识别的新冠肺炎患者肺部的 CT 影像，作为科技抗疫的历史见证，所以被写入了中国科技发展史。"

忽然，门口传来开门声，是蛋蛋爸回来了，"我有事找你爸，小朋友们，告辞了。"舅舅说完转身就去找蛋蛋爸了。

舅舅走后，三个小伙伴长呼了口气，南柯收起小本子和笔，说道："课外调查作业终于有眉目了！那我们开始写吧！"

"别急别急！"这时，小芯从蛋蛋的口袋中跳出来说，"蛋蛋，你舅舅讲得可真好，但是还没有讲完！在这次疫情中，AI 还有许多不俗的表现哟，你们不妨听完，再动笔呀！"

"好呀好呀！"小伙伴们一致赞同，南柯又把她的小本子重新拿了出来。

小芯补充道："这次疫情中，在很多地方都可以看到 AI 的身影。例如：基因组测序平台应用了 AI，能够加速对新冠病毒基因的分析和疾病诊断。

"还有，AI 还助力疫苗的研发了呢！AI 十分擅长数据分析、文献筛选，而前期药物研发中需要大量的文献资料作为支撑，需要通过数据分析计算来对疫苗进行测评，AI 能帮助研发团队节约研发成本，缩短研发周期。

"对于制药企业来说，将深度学习算法及药物分析融入药物研发过程，可以使制药企业更快速高效地完成药物研发，节约研发成本，让研发更快速。"

南柯边听边埋头在她那小本子上飞快地记录着。

蛋蛋叹道："哇，AI 在医药领域能干这么多事呀！"

阿呆又问道："这些都是高大上的应用，有没有'接地气'的 AI 应用呢？"

小芯笑道："当然有，除蛋蛋舅舅刚才讲的 AI 测温外，还有很多！比如：

你好！

AI语音助手帮助社区工作人员对社区居民进行电话摸排。AI语音助手根据居委会提供的信息，逐一拨打电话，询问相关情况，电话打完的同时还会在后台自动形成报表存档，并通知居委会工作人员。AI语音助手打完1000个电话只需花费五六分钟，而这些工作如果人工来做可能需要花费较长的时间！"

蛋蛋恍然大悟地说："怪不得我爸说，在疫情期间，有一种陌生电话，千万不要挂掉！那就是负责疫情排查的AI语音助手打给你的电话。"

小芯接着说："接下来，再看看那些活跃在抗疫第一线的AI机器人。

"医疗辅助机器人作为重症隔离区的'新员工'，送药、巡查、消毒……这些原本由医护人员完成的工作，现在可以交给医疗辅助机器人完成，不但可以避免医务人员交叉感染，还减轻了工作人员的负担。"

南柯补充道："我在电视上看到，有个叫'豹小递'的AI机器人，在武汉火神山医院不仅送药、送餐，还送化验单、医

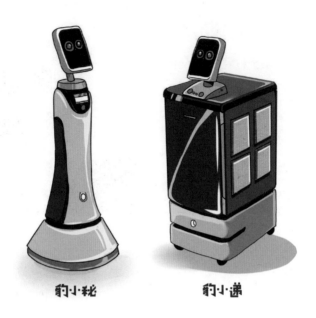

豹小秘　　　　豹小递

疗防护物资等。"

阿呆也说道："还有一个叫'豹小秘'的远程问诊机器人！"

蛋蛋也急忙补充道："我在街上还看到过警用机器人！"

南柯又说："街上还有扫地机，好可爱哟！"

小芯补充道："那是服务机器人。"

阿呆突然激动地叫道："我又想起了一个应用，一定与 AI 有关，那就是'健康码'！"

小芯点点头："嗯，不错！健康码对于疫情防控起到了非常重要的作用。健康码是由'人工智能 + 大数据'制成的二维码，绿、黄、红三种颜色分别表示不同的健康状态；接种疫苗后，健康码就会加上金色边框，好像金钟罩护体了。

"2020 年 8 月 31 日，中国国家博物馆公布的抗击疫情实物收藏名单中，最让人眼前一亮的便是三个'第一行代码'，它们分别是：支付宝团队研发的健康码系统第一行代码、阿里云研发的全国健康码引擎第一行代码、阿里巴巴达摩院研发的新冠肺炎肺部 CT 影像 AI 辅助诊断产品第一行代码。"

南柯叹道："啊，中国国家博物馆收藏代码？这就像中国科学技术馆收藏 CT 影像一样，史无前例！"

阿呆嘿嘿一笑，问道："这代码值钱吗？"

小芯无奈地看着阿呆说道："这三个第一行代码，是中国数字化抗疫的见证，也是国家记忆的组成部分，你说值钱吗？"

阿呆不好意思地说："无价之宝、无价之宝！"

正如习近平总书记在全国抗击新冠肺炎疫情表彰大会上指出的：在过去 8 个多月时间里，我们党团结带领全国各族人民，进行了一场惊心动魄的抗疫大战，经受了一场艰苦卓绝的历史大考，付出巨大努力，取得抗击新冠肺炎疫情斗争重大战略成果，创造了人类同疾病斗争史上又一个英勇壮举！

小芯继续说道："AI 在这次疫情中的优异表现有很多，比如……"

南柯机灵嘴快地说："比如在家上网课！"

蛋蛋也说："对啊，我们从寒假一直放到暑假结束才开学。"

阿呆无奈地说："8 个月呀，几乎天天在家上网课。"

小芯点点头："是啊，把 AI 融入远程教育，是 AI 在智慧教育中的应用。比如：应用 AI 技术，可以在教学中推断出每个学生的学习能力、认知特点和当前知识水平；根据学生的不同特点，选择最适合的教学内容与教学方法，还可以对学生进行有针对性的个别指导，从而做到因材施教，提高教学效果。"

蛋蛋想到上网课的情形，说道："AI 一定发现我的语文比

较薄弱，它推荐给我的知识点正是我的知识薄弱点，还给我提出了学习训练方案。"

小芯又说："把自然语言处理技术应用到远程网课教育中，实现人机自然语言对话，让机器做老师的助理。"

南柯有些意外："啊？我一直以为辅导和答疑的老师是真人呢！"

小芯补充道："AI 还能帮助老师批改作业和试卷，协助老师纠正学生的不良学习习惯呢！"

阿呆低下头说道："那时上网课，AI 一定发现我的作业是'抄'来的，哦，不是'抄'，是'拍'来的。"

小芯笑了，说道："拍照搜题也是 AI 技术啊！"

是啊，人工智能已经融入医药领域和教育领域，将给这些领域带来许多曾经想都不敢想的改变！

三个小伙伴和他们的好朋友小芯，就这么针对 AI 从医药聊到了教育，终于把科学课老师布置的作业给"聊"出来了。

"阿呆，你负责写 AI 在教育领域的应用；蛋蛋，你和我负责写 AI 在医药领域的应用。"南柯分配好任务。

"遵命！"蛋蛋和阿呆齐声答道。

"铁三角"三人中，南柯学习最好，又有些"霸道"，是默认的"首领"，"首领"发令，蛋蛋和阿呆开始写起来……

第八章
我是小警察

警察叔叔在依法预防、制止和惩治违法犯罪，保护人民，维护国家安全和社会治安中，使用 AI 助力，会如虎添翼！

这天，南柯气喘吁吁地跑到操场，对正在打球的蛋蛋和阿呆说道："公安……公安英模报告团来了！"

蛋蛋激动地叫道："呀，我把这事给忘了，他们到哪儿了？"

南柯上气不接下气地继续说道："已经……已经到报告厅了！"

阿呆立刻放下手中的篮球："啊？快走快走，这种大型活动可不能迟到，不然又要被班主任念叨了。"

原来，为了弘扬功模精神、传承红色基因，学校联合市公安局举办了公安英模进校园报告会。报告团成员来自不同的公安岗位，都是优秀人民警察的杰出代表。

三人一路小跑回到教室时，老师正组织同学们列队前往报告厅，幸好没有迟到。

报告会上，报告团的叔叔阿姨们分别介绍了自己的先进事迹，他们中，有令毒贩闻风丧胆的缉毒警察，有连续侦破大要积案的刑警，有帮扶贫困失学儿童的派出所民警，还有在反恐斗争前线拼搏的防暴警察……很快就轮到最后一位警察叔叔了，他介绍的先进事迹是用 AI 人脸识别技术抓捕逃亡多年的罪犯。

公安英模叔叔阿姨们介绍完后，同学们纷纷举手提出感兴趣的问题，南柯抢到了一次难得的提问机会。

果不其然，南柯提问的是最后一位警察叔叔："叔叔，您刚才介绍了用 AI 人脸识别技术抓坏人，您还能不能再多介绍一些有关 AI 的内容呀？"

这位警察叔叔笑着说："关于这个问题，相较于我的描述来说，下午的活动可能会给你一个更完整的回答。我也不卖关子了，我们今天来到这里，除了报告分享，其实还有另一个任务，就是邀请同学们参加我市公安局举办的'我是小警察'体验活动。下午，大家可以到公安局参观、体验警察的日常工作，当然也能看到许多现代科技手段在警务中的应用。"

听到这个消息，观众席上瞬间爆发出一阵掌声和欢呼声。

南柯激动得手舞足蹈："我要去参加！我从小的愿望就是当一名警察！"

阿呆和蛋蛋也频频点头。

是啊，"铁三角"从来都是步调一致的！

下午，艳阳高照，晴空万里，在老师的带领下，同学们准时来到了市公安局，然后兴高采烈地换上为他们准备的礼物——小警官制服。

南柯不停地摆弄着警帽："高尚的制服、飒爽的英姿，成为警察一直是我的梦想！"

阿呆举起双手叫道："我是惩奸除恶的英雄！"

蛋蛋则笑眯眯地低着头，自顾自地欣赏着自己的这身打扮。

其他同学换好衣服后也无比兴奋，说笑个不停，连一旁执勤的警察都被这氛围感染了，嘴角微微翘起。

不一会儿，负责活动讲解的王警官来了，王警官先是夸赞了一番同学们飒爽的英姿，然后就简单介绍了接下来的活动安排：体验高科技警用装备，参观指挥中心和网警支队。

王警官讲完话后，就带着兴奋不已、早已跃跃欲试的同学们来到大楼前的广场，广场上摆放着许多警用枪械，每一种枪械前都站着一位负责讲解和指导的警察。

阿呆和蛋蛋对狙击步枪十分感兴趣，在指导警察的帮助下，端着"大狙"瞄了又瞄；而南柯喜欢手枪，举着手枪学习了射击的姿势……学习完有关枪械的知识，王警官带大家进入了公安大厅，这时，一个可爱的机器人迎面走来。

王警官指着机器人说道："这是 AI 警察机器人。这款机器人具备自主巡逻、人脸识别、智能服务和应对突发情况四大功能，同时还配备电防暴叉、电击枪以及致盲强光等设备，能有效威慑危险分子。"

与机器人告别后，王警官带领大家来到一排展台前，展台

上放着许多同学们没有见过的警用设备。

王警官拿起一个像对讲机的东西说道："我们先来认识一下警务通和智能眼镜。警务通又叫移动警务系统，能通过公安网或社会公共网与云警务平台连接，传递警务信息。"

一听到"云警务平台"，南柯立即问道："叔叔，云警务平台是警察叔叔用的云端平台吗？"

王警官点点头："是的，各个终端所采集的信息都会上传至云警务平台，供全警使用。"

蛋蛋马上补充道："这样的话，如果一个地方出现了坏人，那么其他各个地方的警察叔叔都会知道！坏人就无处藏身了。"

阿呆指着王警官手边的另一件装备说："这个应该是智能眼镜了。"

王警官点点头，说道："是的，智能眼镜可以对视野内的嫌疑人进行人脸提取，然后与云端逃犯数据库对比，一旦发现嫌疑人，智能眼镜就会实时显示嫌疑人的各种信息；除了人脸识别，还可以对车牌进行比对识别！"

南柯赞道："哇，这是典型的 AI 应用！"

王警官又指着展台旁边立着的三脚架和上面一个像相机一样的设备说："这是智能应急布控球，这可是一个'抓逃犯神器'，它机动性很强，可以被放置在任何区域，实时抓拍现场形迹可疑人员的高清图片，然后上传至云端与数据库比对，特别适用于反恐、处理突发事件、应急执法等情况。"

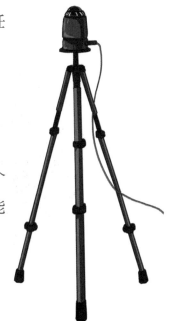

蛋蛋赞叹道："这又是一个典型的 AI 应用！"

王警官听到蛋蛋说的话，笑着说："下面这个也用了 AI 技术。"说着他拿起一款 5G 的 AR 智能警用头盔展示给大家看。

蛋蛋仔细看着王警官手中的头盔，突然大声喊道："我看到啦，里面有个摄像头！"

南柯看到头盔上 5G 的字样，说道："一定是通过 5G 网络，把视频传输到云端警务平台！"

王警官竖起大拇指，赞赏地说："小姑娘不错，5G 都懂！"

蛋蛋急忙说道："叔叔，我也知道，5G 的传输速度是很快的！"

王警官点了点头："嗯，视频通过 5G 回传到警方的云端数据库，可以快速比对、查找可疑车辆和人员。现场警务人员通过头盔上投射的 AR 屏幕，能及时掌握相关信息。"

这时，阿呆被一架外面包裹着金属网的无人机吸引了目光，他招呼大家："快看，这里有一架无人机。"

蛋蛋看了一眼说："那是一架防碰撞无人机。"

王警官惊讶地说："小同学知识面挺广呀！没错，那是警用防碰撞无人机，可以在狭窄、混乱的空间飞行；搭载红外设备和 AI 模块后，它还能在漆黑的环境中进行检测；它在安检、

救援和突击等方面也能很好地协助公安高效完成任务。"

阿呆一边比画一边说道："是不是就像电影里演的那样，恐怖分子占据大楼，警察叔叔派防碰撞无人机飞进大楼，侦察敌情？"

"哈哈，差不多，艺术来源于生活。"

忽然，蛋蛋指着一个仪器上的文字，念道："指掌纹自动识别系统……"

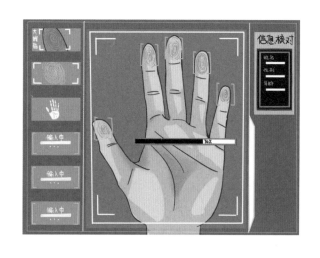

阿呆好奇地问："咦，我只知道有指纹识别，原来还有掌纹识别呀？"

王警官接话道："掌纹识别和指纹识别一样，都是生物识别技术，人们的指纹容易磨损，造成指纹识别困难，相对来说，掌纹就比较稳定，掌纹识别时，手掌贴靠上去，不仅采集了掌纹数据，同时还采集了指纹数据，可靠性和准确度更高。"

蛋蛋赞叹道："哇，双管齐下！"

王警官继续说道："指掌纹自动识别系统，整合了深度学习、大数据分析等技术，利用指掌纹大数据库和现场指掌纹无人工干预比对，可以快速协助破案，大大提高破案率。特别是在积案、要案的快速、批量清理工作中，可以发挥重要作用。"

南柯对阿呆说："要不要把手掌放上去试一下？"

阿呆紧张地把手背到背后，说："我不试，天机不可泄露！"

南柯笑着说道："怕暴露生命线，还是感情线？"

王警官也笑了，说道："你们还别说，掌纹识别技术是所有生物识别技术中唯一由中国人提出来的技术！"

听了王警官的讲解，蛋蛋兴致高涨地说："警察叔叔，除了人脸识别、指掌纹识别，AI 还有什么识别呀？"

南柯指着不远处的一块展板说道："那不就是？声纹识别！"

蛋蛋想了想说："小芯给我们讲过声纹识别的原理。"

王警官有些惊讶："你们知道声纹识别？不简单呀！利用声纹识别技术，可以在绑架、敲诈、勒索和恐吓等案件中快速锁定犯罪嫌疑人，及时破案。"

南柯补充道："犯罪分子在人群中讲话也会被声纹识别技术揪出来！"

接下来进行活动的第二项——参观指挥中心。王警官带大家来到指挥中心时，里面的叔叔阿姨们正在一排排电脑前认真地工作，大厅前面的墙上还有一个巨大的显示屏，屏幕上显示着许多图片和文字。同学们被这种工作氛围感染了，都安安静静地参观着。

看到小朋友们紧张得不敢说话的模样，王警官轻笑了一声说："咳咳，同学们不要紧张呀，这里是公安指挥中心，全市的警务信息都会汇集到这里，提供给相关人员分析研判，从而指挥调度警力，处置紧急治安案件、严重暴力性案件、重大自然灾害事故及其他重大治安问题。"

南柯悄悄对蛋蛋说道："这里就是公安机关的'大脑'！"

蛋蛋点点头说："这里一定用了很多现代科技！"

蛋蛋的话音刚落，就见王警官指着指挥中心的大屏幕电视墙，对大家说道："从这里，可以看到全市监控探头的画面，利用人工智能和大数据，对信息进行分析和判断。"

忽然，阿呆指着大屏幕说道："瞧，那个是我家所在的小区！"

原来，大屏幕上显示了阿呆家所在小区的画面，小区居民进进出出，十分清晰。

王警官解释道："这是天网探头拍摄的画面。"

南柯问道："天网？是'天网恢恢，疏而不漏'的天网吗？"

王警官点头道："嗯，就是那两个字！天网又称为天网工程，是国家的信息化工程，它把全国的监控探头以省级为单位

大范围联网，依靠 AI 动态人脸识别技术和大数据分析处理技术，对分布在全国各地的摄像头抓拍的画面，进行智能分析对比，能够准确识别犯罪嫌疑人。"

阿呆激动地说："那以后犯罪嫌疑人无论在哪里，一露面就会被发现！"

蛋蛋也赞叹道："哇，全国摄像头联网！好大一张网呀！"

听到这里，阿呆忍不住插嘴道："我看过一部外国谍战电影，电影里有个天眼系统，可以调用全世界的联网探头，找到它想找的人。"

王警官笑着说道："天眼系统是编剧和导演的'脑洞'，而天网系统是真实存在于我们的生活中的。"

南柯也说道："对呀，阿呆你说的是电影，电影的情节很多是虚构的！不过我也想知道天网的威力有多大。"

王警官继续说道："那我就给大家讲一个'天网'抓坏人的真实故事。2018 年 4 月，歌手张学友在江西南昌国际体育中心举办了一场有 6 万名观众的演唱会，在演唱会进行的时候，中心看台的一名观众被突然出现的警察给带走了。没错，

这名观众不仅是张学友的歌迷，还是一名在逃嫌犯，他以为在一场几万人的演唱会上，不会有人注意到他；可令他意想不到的是，他一入场就被演唱会检票口的几个天网摄像头认出来了，就这样，凭借着 AI 技术，警察在几万人的演唱会现场抓住了一名逃犯。"

听完这个故事，同学们恍然大悟，阿呆忍不住说："之前就听说过警察在张学友的演唱会上抓到逃犯的事，但没想到原来这背后是天网的功劳啊。"

南柯补充道："具体来说，应该是天网中的 AI 人脸识别技术的功劳。"

参观完公安指挥中心，王警官带领同学们出发前往网警支队。

一路上，王警官还不忘向同学们解释："网警又叫网络警察，是专门打击网络犯罪的警察。"

阿呆好奇地问道："什么是网络犯罪呀？"

王警官耐心地说道："网络犯罪就是利用计算机网络实施的犯罪活动，比如：利用计算机进行诈骗、盗窃、走私、发布虚假广告、传播恐怖色情信息、散布谣言等活动。"

蛋蛋又问："网警叔叔阿姨们的工作要用到 AI 吗？"

王警官点点头，说道："嗯，当然要用到 AI 技术，网警支队的警察把 AI 深度学习技术和大数据结合起来，智能网警就诞生了。智能网警利用图像识别、自然语言处理等技术，从海量文字和图片中，发现含有暴恐、色情等元素的图片和文字，从而净化网络；智能网警可以全天候、不间断地巡查监控，自动精准地识别并预警、报警和取证。"

阿呆激动地说："上次有人在网络上散布谣言，侮辱英烈，就被抓了！"

南柯坚定地说道："嗯，网络不是法外之地！"

最后，王警官对同学们展开青少年安全防范意识教育，结束了"我是小警察"的体验日。

回家路上，三个小伙伴兴致勃勃地谈论着今天的所见所闻，还发挥着各自的想象力。

"我最喜欢那个防碰撞无人机！像个金属网状的球，我想，只要能'滚'进去，还可以用来做地下管道的安检。"蛋蛋兴奋地说道。

"我最喜欢的是指掌纹自动识别系统！我想，无人超市用了会更加安全。"阿呆也不甘落后。

"我最喜欢的是天网，天网是逃犯克星，我想……"

南柯的想象力刚发挥一半，小芯从蛋蛋口袋里跳了出来，落在蛋蛋的肩膀上，说道："想不想知道以前没有天网和 AI，警察叔叔抓坏蛋是多么辛苦？"

"想啊、想啊。"小伙伴们齐声叫道。

"那好，我就讲一个真实的故事。"

一听有故事，还是真实的，小伙伴们都伸长了脖子、瞪大了眼睛。

小芯不紧不慢地说道："以前，有个叫周克华的悍匪，是公安部 A 级通缉的持枪抢劫杀人犯，8 年间，他在全国多地流窜持枪抢劫，致 11 死 5 伤。此人十分凶狠狡猾，善于伪装，反侦查能力很强，多次从警方眼皮底下溜走。周克华 2012 年 1 月 6 日在南京和燕路一农业银行前枪杀了一名公司提款人，第二天，整个南京的硬盘全部脱销了，在第三天、第四天，全市所有药店里的眼药水都脱销了。"

"悍匪杀人，为什么南京的硬盘和眼药水脱销呀？风马牛不相及嘛！"小伙伴们不解地嚷嚷起来。

"当时，因为案件性质非常恶劣，南京市公安局立刻把全城所有的监控录像下载下来查看，而下载视频得买硬盘，所以硬盘就脱销了；几千名警察叔叔盯着海量视频看，眼睛都快看'瞎'了，把全市的眼药水都滴光了。"

侦探迷南柯忍不住说道："啧啧啧，如果是今天，天网加AI，恐怕几分钟就搞定了！"

蛋蛋也补充道："是啊，今天用AI技术，就可以自动快速筛选、识别出逃犯！"

南柯感慨道："AI用在公安破案中，福尔摩斯再世也会自叹不如的！"

阿呆不放心地追问道："那个悍匪周克华最后怎么样了？"

小芯回答道："2012年8月14日被重庆警方击毙了。"

真是天网恢恢，疏而不漏！

第九章
机器人在开会

AI 机器人眼中的人类是怎样的？它们在为人类服务的同时，是否需要人类的理解？什么是"机器人三定律"？其对人类有约束力吗？让我们一起去旁听吧！

又到了一月一次的班级朗诵会。朗诵会上，报了名的同学们一一上台施展才华，有的吐字清晰、落落大方，有的声情并茂、抑扬顿挫。这种场合怎么能少了多才多艺的南柯呢？

终于轮到南柯上场了，只见她打开教室里的多媒体音乐播放器，优美舒缓的小提琴曲便缓缓流出——她居然给自己的朗诵配了乐，真是用心啦！伴随着悠扬的乐声，南柯慢慢念道：

> 微明的灯影里
>
> 我知道她的可爱的土壤
>
> 使我的心灵成为俘虏了
>
> 我不在我的世界里
>
>
> 街上没有一只灯儿舞了
>
> 是最可爱的
>
> 你睁开眼睛做起的梦
>
> 是你的声音啊……

朗诵结束，南柯向同学们鞠躬致谢，底下掌声雷动，蛋蛋和阿呆激动得手都拍红了。

一下课，阿呆和蛋蛋就迫不及待地跑到南柯的座位上。阿呆激动地说："可以啊，看不出来，你还能写出这么好的诗！"

"那让你失望了，诗是人家小冰写的。"南柯笑着说。

蛋蛋好奇地问："是 AI 机器人小冰吗？"

南柯点点头："是啊，这首诗选自 2017 年出版的小冰原创诗集——《阳光失去了玻璃窗》，名字叫《是你的声音啊》，是由小冰独立创作的！"

蛋蛋赞道："小冰不仅能作曲唱歌，还会写诗，简直就是 AI 机器人中的才子！"

小芯在蛋蛋口袋里不甘寂寞，用只有三个人能听到的声音说："小冰可是学习了 1920 年以来 519 位诗人的现代诗，通过深度神经网络等技术手段模拟人的创作过程，历经 100 小时，接受 1 万次训练以后，才拥有如今的创作现代诗歌的能力。"

南柯忍不住说道："我想，小冰眼中的世界一定很美，所以，它才能写出这么美的诗！"

小芯神秘地说道："那你们想知道 AI 机器人眼中的世界是什么样的吗？"

阿呆和蛋蛋齐声说道："想，当然想！"

南柯则问："想是想，但怎么才能知道呢？"

小芯笑着说道："这个不是问题，包在我小芯身上，放学后秘密基地见。"

三个人一放学，就火速赶往秘密基地，一切准备就绪，随着小芯一声"变"，三个小伙伴瞬间就变成了机器人，准确地说，是 AI 机器人，他们看着彼此的模样，不禁哈哈大笑起来。

突然，南柯的笑声戛然而止，她感觉眼前的景象不太对劲，这里不是秘密基地！蛋蛋和阿呆也发现了，大家急忙看向小芯。

"没错，我不仅把你们变成了机器人，还带你们来到了 AI 机器人的世界。等一会儿，你们就能看到好多 AI 机器人。"小芯抱着胳膊悠然地说。

第二定律：
机器人必须服从人类的命令，除非这条命令与第一条相矛盾。

第三定律：
机器人在不违反第一、第二定律的情况下要尽可能保护自己。

其实，我们将长期处于弱人工智能阶段，这个阶段的 AI 只擅长某方面的工作，对人类不构成威胁！所以，无须担忧！

弱

AI 发展是必然趋势，但我们要明辨是非，坚决抵制那些妄图借 AI 之手伤害人类的人；坚决支持利用 AI 大力发展人类进步事业的国家和个人。

"回！"只听小芯一声口令，三个小伙伴瞬间就变回原样，六目对视，过了许久才缓过神来。

蛋蛋说道："原来机器人的世界也需要被理解呀。"

阿呆感叹道："这些机器人的智商好高呀！"

南柯也点点头："那些代表可是全球推选出的'杰出人士'。"

忽然，蛋蛋突发奇想，问小芯："将来 AI 机器人会不会与人类合体呢？"

小芯坏坏地一笑，说道："有可能哟，你的身体还是原来人类的身体，但大脑完全被替换成人工神经网络，是生物与非生物的合体。"

啊！三个小伙伴听后，惊讶地，更确切地说是惊恐地张大了嘴巴。

看着小伙伴们的样子，小芯忍俊不禁，说道："放心吧，这是在遥远的未来，等你们的儿孙当爷爷奶奶了也未必能实现，回家吧！"

夜晚，蛋蛋做了一个梦，梦见自己躺在床上，床边站着几个穿白大褂的人，他们手里拿着手术刀，正准备给他开颅换脑。蛋蛋在梦中大叫起来："我不要人工神经网络，我不要做合体人！"

蛋蛋妈和蛋蛋爸闻声赶来，蛋蛋嘴里还在不停地重复刚才的话。

蛋蛋妈不安地问蛋蛋爸："儿子怎么了？"

蛋蛋爸不解地摇摇头。

蛋蛋妈伸手摸了摸蛋蛋的额头，说道："没发烧呀！"

见屋里一片狼藉，蛋蛋妈叹了口气，顺手替蛋蛋整理起来。

当蛋蛋妈拎起蛋蛋的裤子时，小芯从蛋蛋口袋滑落到了那双散发着浓郁气味的旅游鞋里，它忍不住说了句："哎哟，熏死我了！"

蛋蛋妈狐疑地看着蛋蛋爸，问道："你听到什么声音了吗？"

蛋蛋爸摇着头说："没有呀。"

蛋蛋妈怀疑地说："我听到有个声音，是从这里发出来的。"

说罢，蛋蛋妈抓起蛋蛋的裤子里外翻了个遍，没发现什么，眼角的余光却察觉到旅游鞋里闪着微光，拿起旅游鞋一看，是一个小小的芯片！

　　蛋蛋爸一看就乐了："这不是我的芯片吗？我找了半天，怎么会在蛋蛋的鞋子里呢？"

　　蛋蛋妈诧异地问道："这芯片会说话？"

　　蛋蛋爸摇摇头："芯片不会说话，一定是你过于担心出现幻觉了。"

　　说完，蛋蛋爸就乐颠颠地拿着芯片回实验室了，留下疑惑不解的蛋蛋妈在那怀疑自己是不是真的幻听了。

第十章
没有司机的车

"AI+"就是"AI+各个行业"，但这并不是简单的相加，而是深度融合。未来，人工智能会像水和电一样无处不在。

这天放学刚进家门，蛋蛋看到爸爸竟然在家："咦？老爸，这个时间你不是应该在上班吗？"

"公司给了福利，让我们这些工程师体验了一把最新上市的自动驾驶公交车，结束得早，我就回来了！"

"自动驾驶公交车？不会是楼下花花阿姨说的没有驾驶员的智能网联公交车吧？"

"哟，你见到啦？"

"没有，"蛋蛋遗憾地说，"他们说这公交车是无人驾驶的……这一会儿说无人驾驶、一会儿又说自动驾驶，还有什么智能网联汽车，这车到底叫啥？自动驾驶不就是无人驾驶吗？"

"好小子，连珠炮似的说了这么多。这三个概念一般人确实不太好区分。自动驾驶分为L0—L5六个等级，在L0—L3等级，还是需要人类驾驶员或安全员参与操作；而L4和L5分别是高度自动驾驶和完全自动驾驶，由车辆自主完成所有操作，这才是真正的无人驾驶。人们常常把无人驾驶汽车和自动驾驶汽车都叫作智能汽车。"

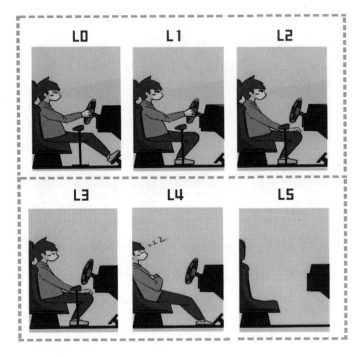

蛋蛋脑子一转，总结道："也就是说，无人驾驶汽车是高级版的自动驾驶汽车！"

蛋蛋爸点点头："当然，许多非专业人士一并称之为无人驾驶，也无可厚非。"

蛋蛋爸接着说道："再说说智能网联汽车，顾名思义，就是智能汽车与车联网结合，比如，车与车、与路、与人、与云计算互联互通的结合；简单地说，以前无人驾驶汽车是'单打独斗'，而现在智能网联汽车是'车路协同'。"

蛋蛋总结道："也就是说无人驾驶汽车是'聪明的车'，智能网联汽车是'聪明的车＋智慧的路'。"

蛋蛋爸赞许地说："总结得很好！"

接着，蛋蛋扑向爸爸，抱着爸爸的胳膊左右摇晃，然后用充满希冀的眼神望着蛋蛋爸说："老爸，我作为工程师的家属也想享受一下'福利'，你能抽空带我去体验一把智能网联汽车吗？"

望着儿子撒娇的模样，蛋蛋爸当然欣然答应。

周末，蛋蛋爸带着儿子刚下楼，就看到南柯和阿呆的身影。一见这情景，蛋蛋爸就明了了："你们三个人还真是形影不离呢！"

"嘿嘿！"蛋蛋得意地说，"那当然，好东西要分享，您前脚刚答应带我出来体验，后脚我就给他们发消息了！怎么样？够朋友吧！"

"够极了！"阿呆和南柯异口同声地说。

蛋蛋下意识地摸了摸口袋，发觉小芯不在口袋里。也许是不小心落在家里了吧，蛋蛋心想。

四人刚走到公交车站，就来了一辆智能网联公交车。

"哇，好萌啊！"刚看到智能网联公交车，南柯就被车子圆润的外表和可爱的卡通形象迷住了。

蛋蛋爸指着智能网联公交车说道："车身上有很多传感器、摄像头和雷达，能全方位感知路面状况，自主精准识别车、行人、物等。"

阿呆赞道："哇，这车子好像有感官一样！"

蛋蛋爸点点头："嗯，可以说这些设备是车子的感觉器官！"

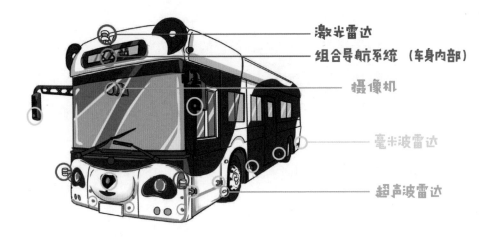

激光雷达

组合导航系统（车身内部）

摄像机

毫米波雷达

超声波雷达

小伙伴们进入车内时，又是一阵惊叹。这车厢宛如迷你客厅，四周为座椅，没有传统方向盘、踏板、仪表盘等设备，仅有一台车载电脑和一块大液晶显示屏。

忽然，一个声音响起："老哥，你也来了呀？"

蛋蛋爸定睛一看，原来是单位里的一位年轻工程师。

"是小李呀，你也来'尝鲜'了？"

李叔叔笑着说："是啊，单位的福利怎么能错过。再说了，体验一下新技术，还可以开阔视野，对我们今后的研发工作也有帮助！"

蛋蛋爸赞许地点点头，接着对蛋蛋说："儿子过来，这是李叔叔，爸爸的同事。"

蛋蛋礼貌地说："李叔叔好，这是我的朋友。"

阿呆和南柯也跟着说道："李叔叔好！"

等乘客都坐定后，车辆便缓缓启动。

一路上，小伙伴们注视着车窗外，叽叽喳喳讨论个不停。

"这车坐着好舒服呀，比我爸开车平稳多了。"

"转弯时，车子会自动调整速度呢！"

"车子不仅会自动绕开障碍物，还会减速避让行人……"

听到孩子们的议论，李叔叔兴致勃勃地加入其中："你们想知道智能网联汽车是怎么实现无人驾驶的吗？"

"当然想！"三个小伙伴异口同声地说。

李叔叔兴致高涨地说着："你们上车时看到置于车头前的摄像机了吧，这个摄像机就相当于眼睛，它的任务是看清路面上的行人、车辆、车牌号、信号灯和指示牌等信息，并告诉车载计算机。虽然人类一眼就可以看出来这些，但对于计算机来说，可是一件复杂的事情。"

南柯补充道："车辆要辨别信号灯的位置和颜色！在交通路口，要发现交通信号灯在什么位置，还得辨别出信号灯现在是什么颜色，红灯停、绿灯行！"

蛋蛋也说道："还要识别大量复杂的指示牌内容，保证规范驾驶！我表哥考驾照时都记了好久。"

李叔叔笑着说："这是让机器认识和理解世界。"

阿呆忍不住赞道："智能网联汽车真聪明！"

李叔叔接着说道："能做到这些，是因为智能网联汽车萌

萌的外表下暗藏玄机——它有一个'AI大脑'。行驶过程中，它的'AI大脑'飞速运转，能自主实现精确识别、感应环境、规划路径、避让行人、避开障碍物等。"

忽然，蛋蛋发现了一个有趣的现象："咦，这车与前面的汽车好像一直保持一定距离，它快我们也快，它慢我们也慢！"

"因为前车与我们的车正在'交谈'呢！就是车与车通过物联网交流，就像这样。"李叔叔滑稽地变换声调模仿车辆间的谈话，"前车说：'注意、注意，你必须与我保持安全距离。'我们的车说：'放心吧，老兄，我就是跟着，不会吻你的！'"

"哈哈哈哈……"大伙儿被李叔叔有趣的说话方式逗笑了。

过了一会儿，阿呆也发现了一个现象，献宝似的说："我们这一路都是绿灯，是不是车辆与信号灯也在交谈？"

李叔叔赞赏地看了一眼阿呆："观察得很细致！你说得没

错，信号灯与智能网联公交车间也有交流，车辆及时调整车速，就能实现一路绿灯。在车路协同的环境下，由'路'来'告诉'车周边的情况。如果前方车辆发生故障，后方车辆就可以早早知道，及时改道。"

阿呆立刻总结道："那就不会堵车了……"

阿呆话音未落，只见前方有个人从停在路边的一排汽车的缝隙中突然蹿出，径直横穿马路。小伙伴们几乎同时惊呼："呀，小心，有人——"

智能网联公交车紧急刹车，在离那人不到半米处停住了。

"好险啊！"南柯缓缓拍着胸脯说道。

但李叔叔和蛋蛋爸似乎并不惊慌，李叔叔还笑眯眯地对蛋蛋爸说："老哥，这车反应真快呀！"

蛋蛋爸接过话茬道："这完全体现了5G高速率、低时延和大连接的特点，用在智能网联汽车上能起到非常关键的

作用。"

李叔叔补充道："是的，5G通信的时延小于1毫秒，如果车辆按照120公里每小时的速度行驶的话，1毫秒车辆的行驶距离最多为3.33厘米，紧急刹车后，车子才移动3.33厘米啊！"

南柯笑着说："难怪李叔叔刚才一点儿也不惊慌！"

李叔叔说："只有在5G网络下，智能网联汽车才可以做到精确操控。"

智能网联公交车一路行驶，每到一站就会自动报站，听着报站声音，蛋蛋忽然说道："智能网联公交车是不是也用到了北斗卫星导航系统？"

李叔叔更加惊讶了："你们才多大点孩子，连北斗卫星导航系统也知道？！"

"哈哈，之前我带他们到智能港口参观，介绍过北斗卫星导航系统。"蛋蛋爸接着说，"智能网联汽车正是依靠高精度的北斗卫星导航系统来实现导航定位的。"

蛋蛋不禁赞叹道："哇，智能网联汽车融合了AI、大数据、物联网、云计算、5G、北斗导航，太强大了！"

蛋蛋爸接着说道："将来人们只要在家里用手机约车，无人驾驶汽车就会安全快捷地把你送到目的地，下车后你直接走人即可。"

为了进一步开拓小伙伴们的视野，蛋蛋爸补充说道："AI

结合这些技术，或把 AI 应用到某个领域，这种情景就是常说的 AI+；比如智慧工厂，也就是常说的无人工厂，不需要人的参与，通过 AI+ 大数据、AI+ 物联网等技术，工厂就能实现自动化生产。"停顿了一下，蛋蛋爸半开玩笑地说道，"你们想象一下，当一个正在生产的智能制造车间大门打开时，黑漆漆一片……"

聪明的南柯抢着说道："是传说中的黑灯工厂吗？"

阿呆笑道："呵呵，黑灯工厂，黑灯瞎火的工厂！"

蛋蛋爸继续说道："以 AI+ 大数据和 AI+ 物联网等融合创新的智慧工厂，代表着未来的发展趋势，会对工业产生巨大的影响。"

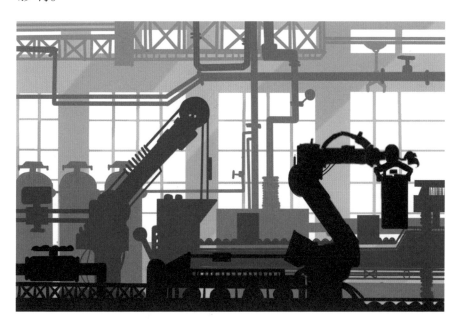

　　智能网联公交车停停走走、走走停停，不知不觉就到达终点站了，车上的乘客依次下车。告别了李叔叔，蛋蛋爸带着三个小伙伴回家了。

　　晚上，焦急的蛋蛋翻遍了衣裤口袋和房间的各个角落，始终没有找到小芯，蛋蛋心里想：明明前天小芯还带我们去参加世界 AI 机器人代表大会，怎么今天就不见了？可他又不敢问爸爸妈妈，担心小芯被爸爸"没收"了。他想来想去，决定把小芯丢失的事情告诉南柯和阿呆，小伙伴们听了也十分着急。

　　阿呆着急地说："不会吧，你仔细看看口袋里有没有。"

　　蛋蛋无奈地说："都找了，就是没有！"

　　南柯突然想道："小芯会不会自己跑回它的'房间'了？"

　　"自己跑回去了？我怎么没想到？！"

　　第二天，蛋蛋匆匆来到蛋蛋爸的实验室，眼前的情景让蛋蛋忍俊不禁，只见蛋蛋爸毕恭毕敬地坐在桌前，小芯在桌面上眉飞色舞地说着什么。蛋蛋急忙冲过去拿起小芯，说道："小芯，原来你在这里啊！"

　　蛋蛋爸开始一愣，接着忙说道："蛋蛋，你轻点拿！"

　　原来，前天晚上蛋蛋爸从蛋蛋房间拿回小芯后，继续在实验室里加班加点、埋头苦干，他研发的 AI 机器人性能一直不稳定，时好时坏，为了解决这个问题，蛋蛋爸已经熬了几个通宵了。这时，蛋蛋爸听到一个声音："不要只检查软件工作情况，检查一下硬件吧！"

蛋蛋爸环顾四周，发现实验室里除了自己，什么人都没有。

"检查硬件、检查硬件……"那个声音又说道。

蛋蛋爸虽然是工程师，但就像蛋蛋理科好文科差的"长短腿"一样，蛋蛋爸偏重于软件开发，在硬件方面相对弱一些，所以，当研发工作出现问题时，总在软件上找原因。

蛋蛋爸循声望去，终于发现说话的是从蛋蛋房间拿回的芯片！

蛋蛋爸终于知道了，这个芯片会说话！

蛋蛋爸是工程师，一个相信科学的工程师！所以，他对小芯这个"异类"一点儿也不害怕，反而兴致勃勃地按照小芯的"指示"，一步一步地把 AI 机器人性能不稳定的问题解决了。自此，蛋蛋爸对小芯佩服得五体投地。

蛋蛋见爸爸十分信任小芯，感到十分高兴。

"怎么才能让你妈妈接受小芯呢？"蛋蛋爸不无担忧地说道。蛋蛋也感到这是一个问题。

反倒是小芯笑嘻嘻地安慰蛋蛋父子俩："没事啦，车到山前必有路！"

这时，敲门声响了，是南柯和阿呆！昨晚他俩知道小芯"失踪"了，就商量着今天早早赶来。

见到小芯安然无恙，他们就放心了。蛋蛋把妈妈可能不接受小芯的担忧说了，两个小伙伴齐声说道："我们一起来说服阿姨吧。"

果然，蛋蛋妈见到小芯后，表现出强烈的担忧和紧张，厉声问道："你是谁？从哪里来？要干什么？"

小芯照例把自己的来历和使命说了一遍，蛋蛋妈怀疑地问道："你怎么证明有超能力？"蛋蛋爸赶忙说："小芯的能力，我已经亲眼看见了！"

蛋蛋妈示意蛋蛋爸闭嘴，说道："让它说！"

小芯把它特有的短腿一挥，笑着说道："这个容易！"

话音刚落，只见一个超大的红色球体出现在大家面前，大家仿佛就站在红色球体表面上。仔细一看，这球体是个球形虚拟显示器，球体呈橘红色。

"是火星！"三个小伙伴叫了起来。

"哇，好神奇！"蛋蛋妈和蛋蛋爸情不自禁地叫道。

小芯拨转球形显示器，转到一个位置时停了下来，说道："看看这是什么。"

"'祝融号'火星车！"大家又是一阵惊呼。

"祝融是中国古代传说中的火神。"南柯说道。

阿呆不禁想伸出手去抚摸火星车，蛋蛋甚至有要登上火星车的冲动，三个小伙伴齐声叫道："感觉好奇妙呀！"

"祝融号"火星车是中国首辆火星车。2021 年 5 月 22 日，中国"祝融号"火星车安全驶离着陆平台，到达火星表面，开始巡视探测。在火星表面工作期间，火星车将按计划开展巡视区环境感知、火面移动和科学探测。

　　看到这里，蛋蛋妈口气缓和了许多，说道："小芯，你怎么证明你来地球是教育下一代，而不会伤害他们？"

　　这时，南柯抢着说道："阿姨，我们已经从小芯那里学到了许多科技知识，比如：在《会说话的芯片》里，我们知道了芯片是怎样被设计、制造出来的。"

　　阿呆接着说道："还有，在《会指路的北斗》里，我们知道中国北斗是怎样为我们指路和授时的。"

　　蛋蛋也说道："在《会思考的机器》里……"

　　蛋蛋妈打断蛋蛋的话，说道："好哇，你们和小芯串通一气由来已久！"

　　蛋蛋爸笑眯眯地说："从孩子们爱科学的热情来看，小芯的确给予了非常多的启迪和指导。"

　　蛋蛋妈点点头说："其实我从蛋蛋平时的进步也看得出，蛋蛋背后一定有高人指点。"

　　听到这话，蛋蛋爸和三个小伙伴都开心地笑了，蛋蛋妈接受小芯了！

　　小芯高兴得嘴里哼起歌曲来了："我们都有一个家，名字叫中国……"三个小伙伴也情不自禁地跟着小芯哼唱了起来："家里盘着两条龙，是长江与黄河呀……"